值域化：基于公共利益的城市居住地块容积率控制

郑晓伟　黄明华　著

中国建筑工业出版社

图书在版编目(CIP)数据

值域化：基于公共利益的城市居住地块容积率控制/郑晓伟，
黄明华著. —北京：中国建筑工业出版社，2013.12
ISBN 978-7-112-16291-8

Ⅰ.①值… Ⅱ.①郑… ②黄… Ⅲ.①居住区-城市规划-研究-
中国 Ⅳ.①TU984.12

中国版本图书馆 CIP 数据核字(2014)第 002701 号

在城镇化加速和经济快速发展背景下，为加强控制性详细规划编制的科学性，本书的研究将"值域化"概念引入居住用地容积率指标的制定过程中，通过分析评价建立数学模型，以此探索适应城市新建居住用地现实情况和发展可能的、具有操作性的容积率"值域化"控制方法，最终实现土地开发强度的科学制定和控制，切实体现城市居民的公共利益。

本书可供城市规划管理决策部门、城市规划从业人员、建筑设计人员及有关院系师生参考使用。

责任编辑：许顺法　陆新之
责任设计：董建平
责任校对：陈晶晶　刘梦然

值域化：基于公共利益的
城市居住地块容积率控制
郑晓伟　黄明华　著

*

中国建筑工业出版社出版、发行（北京西郊百万庄）
各地新华书店、建筑书店经销
北京科地亚盟排版公司制版
北京君升印刷有限公司印刷

*

开本：787×1092 毫米　1/16　印张：10¼　字数：253 千字
2014 年 5 月第一版　　2014 年 5 月第一次印刷
定价：35.00 元
ISBN 978-7-112-16291-8
(24957)

前　言

控制性详细规划从 1980 年代发展至今，为我国城市建设、城镇化的快速发展做出了巨大贡献。然而时至今日，控规编制，尤其是以容积率为代表的开发强度指标制定方法中存在着的一些问题已经越来越不能够适应我国城市发展和建设的需求，集中体现在城市居住用地容积率指标制定过程中由于单纯追求土地的经济效益而忽视了地块公共利益的保障。针对此问题，本研究提出基于公共利益的城市新建居住用地容积率"值域化"控制的概念和方法，希冀在制定城市新建居住用地容积率指标时，应充分考虑未来土地开发的公共利益保障，根据现行的《城市居住区规划设计规范》GB 50180—93（2002 年版），选取代表公共利益的规范性控制指标作为影响因素，通过数学建模的方式，科学地确定组团层面居住用地地块容积率指标的上、下限值，从而控制和引导居住用地的合理开发，体现土地开发的综合绩效，保障城市居民的公共利益。

本研究首先在理论层面对城市新建居住用地容积率"值域化"控制，特别是"限低"的必要性进行了说明和论证，提出对居住用地地块容积率进行"限低"实际上也是在广义层面实现社会整体公共利益增加的一种方式，并对影响城市新建居住用地容积率的核心因子体系进行筛选；其次，分别以日照间距系数、绿化指标、停车率三项影响居住用地容积率的公共利益因子作为变量，通过数学建模的方式分别构建单因子影响下的城市新建居住用地容积率"值域化"约束模型，并以西安为例，选取近年来新建的组团层面典型居住用地对各单因子约束模型的适用性进行了分析和验证；再次，对任意两个居住用地容积率单因子约束模型在相同的前提条件下进行叠加，形成居住用地容积率多因子"值域化"模型的值域范围及其适用条件；最后，对所有的单因子约束模型进行综合叠加，形成基于"公共利益"的城市新建居住用地容积率"值域化"综合约束模型，并在对选取的西安市新建居住用地样本容积率现状特点进行评价与总结的基础上，通过建构西安市新建居住用地样本容积率多因子"值域化"综合模型，对选取的居住用地样本容积率进行调整与优化，使其在现有基础上更加符合未来地块开发的"公共利益"特征。

综上所述，面对处于城镇化加速和经济快速发展背景下的城市新建居住用地地块，在确保地块开发"公共利益"的基础上，科学、合理地确定、控制其容积率指标是本研究的核心所在。因此，研究旨在加强控制性详细规划编制的科学性，将"值域化"概念引入居住用地容积率指标的制定过程中，通过分析评价建立数学模型，以此探索适应城市新建居住用地现实情况和发展可能的、具有操作性的容积率"值域化"控制方法，最终实现土地开发强度的科学制定和控制，切实体现城市居民的公共利益。

目 录

图 表 目 录

图录

1 绪　　论

1.1　研究背景

1.1.1　理论背景

改革开放 30 年以来，我国的经济体制逐渐从计划经济向社会主义市场经济过渡与转型，同时伴随着我国经济的高速发展和城市化进程的日益加快，控制性详细规划（以下简称"控规"）的重要性与日俱增，它是联系总体规划与修建性详细规划的起到承上启下作用的关键性规划编制层次，也是城市规划与管理、规划与实施衔接的重要环节。

由于控规是我国现行城市规划体系中具有法定效力的规划编制层次之一，因此它也是对城市土地开发和各类建设活动进行规划调控以及行政管理的直接依据。《城市规划基本术语标准》中对控规的定义是："以城市总体规划或分区规划为依据，确定建设地区的土地使用性质和使用强度的控制指标、道路和工程管线控制性位置以及空间环境控制的规划要求。"2005 年 7 月建设部标准定额司、城市规划司对该标准进行了局部修订，征求意见稿中将原定义修改为："城市土地出让，控制城市土地开发、实施建设项目管理的法定依据。根据城市总体规划或分区规划，确定不同地块的土地使用性质、开发控制指标、基础设施和公共服务设施配套建设的要求、自然和历史文化环境的保护要求等。"从各规范、标准对控规定义的修改不难看出，其主要目的是为了适应市场经济条件下土地出让制度的新环境，实施真正意义上的土地开发控制。在控规编制的过程中，对城市开发强度指标的制定将会影响到城市建成环境开发的质量，而开发强度是个综合的指标体系（包含容积率、建筑密度、建筑高度等），其中又以容积率指标对城市开发控制的影响最为直接，并且从国内外目前对开发强度的研究重点来看，也是以容积率为主。因此，本研究中所指的"开发强度"具体表示以容积率为核心的开发控制指标体系。

容积率（Plot Ratio/Floor Area Ratio）是西方国家（以美国为代表）从 20 世纪初开始推行的城市土地区划管理制度（Zoning）中所采用的一项重要指标，在美、日等国家称为 Floor Area Ratio，缩写为 FAR，英国称 Plot Ratio。自 20 世纪 80 年代我国初步形成控规的编制体系以来，容积率便作为控规中基本的规定性定量控制指标之一在城市规划管理中发挥着重要作用。《城市规划基本术语标准》（2000 年）对容积率的定义是：在一定地块上，总建筑面积与地块面积的比值。此外，在其他一些标准、规范中也对容积率的概念有相应的论述（表 1-1）。

容积率的概念辨析整理　　　　　　　　　　　　　　　　　　　表 1-1

美国区划法（20 世纪初）	容积率是一个用于控制建筑容量的原则性的容量规定，它反映了建筑的可使用面积数量与建筑占地之间的关系。
中国《城市居住区规划设计规范》（2002 年）	建筑面积毛密度，也称容积率，是每公顷居住区用地上拥有的各类建筑的建筑面积（万 m^2/hm^2）或以居住区总建筑面积（万 m^2）与居住区用地面积（万 m^2）的比值表示。
中国《城市规划基本术语标准》（1998 年）	容积率：一定地块内，总建筑面积与建筑用地面积的比值。这里的土地面积是指规划用地面积，即建筑物规划红线范围内的占地面积，不包括项目占地范围内一些城市配套的道路、绿化、大型市政及公共设施用地，历史保护用地等。
美国城市规划百科全书（Encyclopedia of urban planning，Arnold Whittier）以及美国规划师协会	容积率（Floor Area Ratio）为"地块上建筑物的总建筑面积与它所占用的地块面积之比，在计算过程中把道路面积排除在外"。在容量控制之时，容积率要与其他控制容量的规定条件结合运用，如层数、空地、空间距离等，如果仅用容积率控制，则意味着给予开发者较为广阔的选择范围。
《中国大百科全书》	"用地容积率"的定义为："建筑总面积与建筑用地面积的比，是反映城市土地利用情况及其经济性的技术经济指标。"

资料来源：笔者整理

　　由于容积率通过指标控制的形式直接决定城市开发建设过程中的土地开发强度，因此其往往成为规划管理部门与房地产开发部门之间矛盾的焦点。同时，容积率的大小也会影响到城市面貌、基础设施、城市环境以及城市交通，与城市公共利益密不可分。因此，合理确定容积率是控规编制中最重要的任务之一。我国自 2006 年 4 月 1 日起颁布施行的《城市规划编制办法》第三十二条、第四十二条分别明确了城市总体规划与控规的强制性内容，容积率作为最重要的控制指标被明确指出。将容积率作为强制性规划指标，就是因为容积率的大小变化对城市的综合环境影响最为直接。因此，本研究将以对容积率大小变化最为敏感的城市新建居住用地为例，通过对居住用地容积率指标制定的方法理念和相应的技术路线进行研究，探索出一种适应当前我国社会经济发展、土地市场制度、城市开发特点，特别是体现城市规划价值取向的核心——公共利益的控规容积率指标确定方法。

1.1.2　实践背景

　　从实践来看，国内容积率指标的产生和应用是与控规的发展紧密结合的。在控规从"计划"向"市场"转变的过程中，在国外相关研究、经验和技术的指导下，部分城市对控规中的容积率指标确定方法展开了尝试与摸索。20 世纪 80 年代，上海、桂林、广州、苏州等城市分别从各自领域对从控规角度控制城市建设进行了初步尝试，开始使用容积率等开发强度控制指标，以期达到全方位控制和引导城市建设的目的；20 世纪 90 年代以后，全国土地市场迅速建立，房地产成为这一时期城市建设的主要动力；从 1993 年起，国家对商业性土地使用权实行公开招拍挂制度，同时为了规范国有土地的出让，《城市国有土地出让转让规划管理办法》明确规定在取得城市国有土地使用权前应当制订控规，由此确定了控规在土地市场化行为中的权威地位；1994 年颁布实施的《城市居住区规划设计规范》GB 50180—93 中正式引入"容积率"一词作为开发强度的核心指标。近年来，控规在我国城市规划体系中的地位也不断得到提升：2006 版的《城市规划编制办法》在总体规划和控规两个层面同时对容积率指标作出明确的规定；2008年1月1日新版《城乡规划法》和2010年出台的《城市、镇控制性详细规划编制审批办法》的颁布实施，标志着控规的权威性和严肃性在其原有作用和地位的基础上进一步被提升，也标志着控规对开发控制的羁束作用得到加强。在实践中，以上的法律、法规、办法将给现行的规划建设管理体制带来深刻的影响，同时也对控规的灵魂——土地开发控制指标（容积率）制定的方法提出更高的要求。

综上所述，控规从1980年代发展至今，为我国城市建设、城镇化的快速发展作出了巨大贡献，其中对于容积率指标的确定是决定控规实效性的关键所在。目前，国家和各地方规划管理部门制定的规范、城市规划管理技术规定、控制性详细规划编制技术导则等相关规章和技术规定是实践中容积率确定的主要依据。但由于这些规章所确定的控制指标过于粗略，不能够有针对性地具体指导城市具体地块的土地开发，往往导致容积率指标的实效性不强，这也成了目前控规被诟病的主要原因。因此，时至今日，由于如何准确、合理地确定控规中的容积率指标是困扰规划界多年的难题，这就导致了控规编制，尤其是以容积率为核心的开发强度指标制定方法中存在着的一些问题越来越不能适应我国城市发展建设的需求。归结而言，主要体现在以下方面：

（1）容积率指标制定的依据性不强。近年来，住房和城乡建设部、监察部开展的专项治理工作数据显示，截至2010年底，专项治理工作查处的城市房地产开发领域违规变更规划、调整容积率项目中，涉及未按规划容积率建设的项目数占到了总违规项目数的近90%（中国城市规划发展报告2010—2011）。究其原因，从表象上看是规划用地性质没有对应实际开发的需要，容积率与实际需求不符，实质上则是因为在控规的编制过程中，容积率指标的确定虽以相关技术规范为依据，但其方法和过程还相当依赖于编制主体的经验积累和主观预判，在具体数值确定上往往凭经验、凭感觉或"照搬现成"，对涉及公共利益的各类影响因素考虑不足，多停留在布局图的定性或简单定量上，没有与地块的容积率密切结合，使得容积率指标的确定欠缺科学性依据。

（2）容积率指标确定的价值取向片面。目前常用的容积率确定方法有形体布局模拟、经验归纳统计、调查分析对比和参照建筑管理规定等，这些方法均有其优点和适用性，但同时也都存在过于主观和依据不足等问题。虽然在近年来有部分研究主要通过土地投入产出数学模型建构的方式来确定地块的最佳容积率指标（或称为经济容积率），但这种单纯追求"效率"而忽视了"公平"的方式必然会对生活居住人群的公共利益造成损害。尽管已有规划标准、规范对居住建筑的日照、绿地、停车以及其他公益性公共设施配置作了明确要求，但这些要求与容积率之间的关系在控规阶段却难以直接被关联，往往到了修建性详细规划阶段才会发现容积率指标与这些涉及公共利益规划要素的控制要求之间存在着矛盾，使公共利益成为各方博弈的牺牲品。从近年来已有的定量化研究成果来看，虽然在理念和技术上有所突破与创新，但由于仍然忽视了城市发展的"公平性"这一特征，使得相对"静态单一"的匡算结果在理论和实践两方面的贡献仍然有限。

（3）容积率指标执行的适应性不足。就目前来看，受开发主体和开发时序不确定性的影响，容积率指标制定往往出现"弹性"不足、"刚性"难保的问题。现行开发项目的容积率指标多为单向极限上限值，这种单一值面对实际建设中不同利益主体、不同经济实力及不同使用需求的千变万化必然无所适从。加之目前各类容积率指标的确定方法均存在一定的局限性，这就会导致容积率指标的适应性和可操作性不强；或者迫于各方利益集团的压力，在规划实施时随意对容积率进行变更，最终导致规划失效与失控。

以上这些因素都使得土地资源无法得到合理使用，并损害了公共利益，导致控规在现实操作中频频失效，降低了控规的法定权威性，在客观上也助长了违规调整开发强度指标的不良习气，亟待通过科学、合理的容积率制定方法及过程实现有效控制。

1.2 题目释义

从国内目前普遍采用的做法来看，对控规中容积率指标的控制方式一般都会采用一个极限值，即针对不同的用地性质分别采用上限值或下限值进行控制。具体而言，对居住用地和营利性公共设施用地的容积率采用上限值控制，从而防止过高的容积率对地块的公共利益造成损害，对工业用地的容积率采用下限值控制，确保土地的高效集约化利用。其中居住用地容积率指标区间的浮动空间最大，其牵涉到的利益关系也比较复杂，但正如前文所言，不论哪种控制方式都存在着一定程度的方法与技术缺陷，导致控制指标的实效性、指导性不强，从而无法实现对城市土地开发的有效控制，城市的公共利益也无法得到保障。

针对上述问题，有学者曾经提出控规编制过程中开发强度"值域化"的控制方法，即通过分析市场开发过程中容积率与相关经济要素之间存在的潜在规律，得到"最佳（经济）容积率本身就是一个区间值"的结论，同时考虑地块开发时环境的支撑能力得到"环境极限容积率并非是一个固定值"的结论，故而从规划编制层面通过对地块开发量的预测和分配、容积率值域形式的构建、开发强度指标间的联动控制等手段对开发强度"值域化"控制方法展开层层递进式的研究（黄明华等，2010 年；黄汝钦，2011 年）。该方法将定性分析方法与经济定量分析方法进行了融合，确定了较为合理的开发强度指标区间，使开发强度指标更具技术性、可操作性和灵活性，并且能够应对未来开发主体对开发强度指标的弹性需求，有利于规划实施和规划管理。但也不难看出，该方法仍然是基于土地经济效益最大化的原则，没有考虑公共利益对容积率指标的影响作用，故而在此基础上的容积率虽然实现了"值域化"的弹性控制方式，但仍然有可能使城市的公共利益无法得到有效保障。因此，本研究在现有研究成果的基础上，以对容积率变化最为敏感的居住用地为例，提出基于公共利益的城市新建居住用地容积率"值域化"控制方法，即在控规阶段，以体现土地开发的公共利益为最终目标，选取对城市新建居住用地容积率影响最大的"公共利益"因子，通过数学建模的方式建构居住用地地块层面的容积率值域范围（容积率指标的上、下限），并在此基础上选取典型案例城市对容积率"值域化"模型的可行性进行验证，最终提出公共利益视角下的城市新建居住用地容积率"值域化"控制方法。具体解释如下：

（1）公共利益

新中国成立以来，我国城市规划所具备的社会功能一直处于动态的变化之中，从"国民经济计划的延续和深化"到"各项建设的综合部署"，再到"宏观调控的有效手段"，都意味着城市规划价值取向的转变（杨保军等，2006 年），而最新颁布的《城市规划编制办法》（2006）再一次对城市规划的角色定位作出表述——"城市规划是政府调控城市空间资源、指导城乡发展与建设、维护社会公平、保障公共安全和公共利益的重要公共政策之一"。这不仅是《城市规划编制办法》（2006）的核心和基点，也预示着城市规划公共政策属性的加强，这就要求在规划的编制和实施过程中要体现出"公共利益"这一核心价值取向。在实践层面，与规划相关的各类法规、办法、规范、规定的颁布实施，实质上都是通过法律条文和控制指标的形式将城市的开发建设限定在一个能够保障公共利益的范围内，即"公共利益"的底线。在控规层面亦是如此，控规的核心——以容积率为代表的开发强度控制指标体系的制定将直接影响到公共利益，而本研究所确定的决定容积率的规范性因子也是公共利益的一种表现方式。

（2）城市新建居住用地

一般而言，根据城市发展和建设的时间长短一般可以将城市分为旧城区和城市新区，旧城区是城市发展历史中逐步形成的，也是城市各个历史时期发展的缩影，表现为人口密度较高、地块产权边界模糊、基础设施比较陈旧、房屋建筑质量较差等问题，并且受到周边环境的影响，对于任何一个地块的改造与更新势必要考虑到对周边地块的利益影响，这也是决定旧城改造成败的关键因素。相比之下，城市新区土地的开发更具有独立性，又依托于城市整体，具备完整的城市功能，又与旧城区功能相辅相成。此外，城市新区无论是在空间上还是在社会组织管理系统上，都存在可感知和可被认同的界线，是城市复杂大系统下的一个子系统，但本质上都说明了城市新区的独立性特点，最为重要的是，城市新区地块的开发建设受外围地块现状建设的影响较小。所以，对于旧城区来讲，居住用地地块内容积率的大小必然会同时由各类相关规范和地块外围现状建成环境共同决定（例如地块的日照间距问题和设施配套问题），而城市新区的居住用地容积率则只需要考虑满足规范规定即可。综上所述，在城市新区内新建居住用地容积率约束模型的建构过程中，可以在一定程度上不考虑地块周边建成环境对地块内容积率的影响，或者假设没有影响，这将会使基于公共利益的城市新建居住用地容积率"值域化"模型更具有典型性和普适性。

（3）地块

根据《城市居住区规划设计规范》GB 50180—93（2002 年版）的规定，城市居住区按照居住户数和人口可以分为居住区、居住小区、居住组团三级，其中居住组团是整个居住环境中的最小组成单元。居住组团也称组团，指一般被小区道路分隔，并与居住人口规模 1000～3000 人相对应，配建有居民所需的基础公共服务设施的居住生活聚居地。其特点是规模小，功能单一，便于邻里交往和安全管理。相比较而言，居住组团的最大作用在于主要承担了整个居住区内的居住生活功能，而对于主要的公共服务功能来说，更多的是由居住组团层面以上的居住小区和居住区来承担（例如管理、教育、医疗等），而居住小区或居住区内公共设施的规模会影响到居住人口，进而影响到居住用地的容积率指标。这也就意味着在居住组团层面对影响居住用地容积率的因子的选择及约束模型的建构，可以在一定程度上不考虑公共设施规模的影响。因此，作为一种基础性的方法研究及数学模型建构，为了简化模型的因子体系，从而在不考虑公共设施影响的情况下探讨居住组团容积率与其他"公共利益"影响因子的关系，本研究所指的居住用地地块系指在居住环境最小单元——居住组团层面下的用地地块。

现行的《城市居住区规划设计规范》GB 50180—93（2002 年版）对居住组团的人口规模进行了限定，但未对用地规模作出相应规定，故而在实践中对居住组团的用地规模一直以来都没有明确的限定（例如在《城市住宅区规划原理》中对居住组团限定的规模是 4～6 公顷，对居住小区的规模限定是 10～35 公顷；百度百科中对居住组团限定的规模是小于 10 公顷）。因此，结合目前城市开发建设的实际，在本研究中，对于居住组团的规模限定考虑采用在实践中最常用的 4～6 公顷为范围，同时，根据《城市居住区规划设计规范》GB 50180—93（2002 年版）和相关经验进一步限定本次研究中居住组团层面居住用地内的建筑密度为 15％～40％。

(4) 值域化

对于城市居住用地来讲，从经济的角度对其容积率指标进行"限高"主要是为了防止过高的开发强度给公共利益带来的损害，这也是本研究的重点所在；而对其进行"限低"主要是考虑土地开发的最基本收益，但这种情况在市场经济条件下一般不可能出现，故而更重要的是从政策角度抑止开发商的投机心态，即以坐等土地升值为目的，通过低密度的临时性开发建设来应对国家相关的土地开发政策，从而避免新一轮的"圈地运动"对土地资源造成的浪费；从城市发展的时序来考虑，其上限控制指标不仅可以满足当前开发建设的需要，更重要的是满足未来（总体规划中所确定的规划期末）的发展，使容积率指标在规划期内的任何时段都能够适用。因此，本研究所提出的容积率"值域化"控制不仅仅是一个单纯技术层面的研究，而且从某种程度上来讲也是在公共政策背景下对国内目前土地开发控制所面临问题的一种政策上的应对。

从经济的角度来讲，在市场经济体制下，房地产开发的可行性是依靠投资利润率进行衡量的。经济学相关理论表明，容积率与地价、房地产开发利润、利润率之间存在着复杂的互动关系。如图 1-1 所示，伴随着容积率的提高，项目开发所获得的经济效益并非呈现

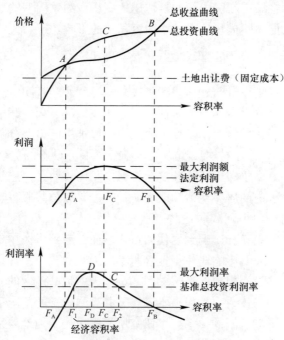

图 1-1 房地产开发中容积率与价格、利润、利润率之间的关系图示
资料来源：黄汝钦. 城市生活区控制性详细规划开发强度"值域化"研究 [D].
西安：西安建筑科技大学硕士学位论文，2011.

出持续上升的状态。当容积率达到 F_A 时，土地开发的总投资等于其总收益，即开发获得的利润额为零，对应的利润率也为零；随着容积率的不断提高，建筑开发量不断增加，建筑高度也将逐渐增高，由此带来总投资和总成本的增加，直至 B 点，即容积率为 F_B 时，总投资与总收益在此平衡，利润额和利润率为零。容积率在 $F_A \sim F_B$ 之间进行土地开发时，开发商不获利也不亏本。在市场经济条件下，土地开发的正常进行往往会依据该行业的内部标准进行，即存在潜在的"行业法定利润"和"基准总投资利润率"，确定时一般会考虑当前的城市宏观经济状况、贷款利率、其他行业投资利润率水平、房地产项目的类型以及房地产项目的开发经营周期等因素，在满足这些潜规则的前提下，项目的开发才视为"可行"的。因此，根据经济利润的边际递减规律，最佳经济容积率应在 $F_1 \sim F_2$ 之间，是一个"区间值"。同时，以上讨论仅限于短期均衡状态下获得的是短期内理论上的"经济容积率"，随着社会经济的发展进步，土地在开发时受当时当地建筑技术条件及基础设施容量的影响，最佳经济容积率应是趋于变小的。由于"经济容积率"本身就是一个区间，这便为控规中确定的容积率在指标形式上可以是一个值域区间奠定了理论基础。但是由于利润影响下的容积率最小值研究实质上是个"伪命题"，现实中并不存在开发商赔钱开发的情况，并且单纯基于土地经济的考虑也会使最终确定的容积率指标带来其他社会公平层面的问题，故而在容积率指标区间的控制中应当更多地考虑到社会公平的影响。

目前的控规编制成果在理论上往往是基于经济角度的上限值控制，通过前文的分析，这从理论和现实角度都存在着一定的不合理之处。从经济的视角来讲，综合考虑经济容积率和极限容积率，控规中的容积率指标必然可以通过一个较合理的区间值来实现弹性控制，此前已有学者对该问题进行研究探讨。从更为重要的社会公平层面，本研究提出了基于公共利益的城市新建居住用地容积率"值域化"的概念，即控制性详细规划容积率指标的确定过程中，其控制在形式上表现为一个"区间值"，通过容积率的上、下限值分别从不同的角度双向控制居住用地的开发。因此，通过相关定量分析和数学建模的方法确定居住用地容积率指标的上、下限值，在形式上应该能够提供多种指标选择的可能，更重要的是综合分析这些容积率指标的影响因子及其适用范围条件，并结合研究案例城市的特点对约束模型进行验证，同时将这种指标区间的上、下限作为取值边界，通过制定适宜的开发强度弹性政策来辅助控制性详细规划编制中的容积率指标值域控制形式，保证规划的灵活管理。

1.3 研究意义

城市规划的实践意义体现在对城市开发行为的有效引导和控制上，控规是指导城市开发建设与管理的实施性规划，是城市开发和土地使用强度制定的前提条件，而这其中，又以对容积率指标的控制最为直接。但众所周知的是，目前国内对于容积率指标的确定方法并没有形成一套科学合理的体系，更多的是凭借规划师的主观经验和形态模拟等手段来实现，若干看似科学定量的计算方式在技术上也存在着一定的不合理性，导致规划控制意图和最终开发的结果相去甚远。因此，本研究所构建的城市新建居住用地容积率指标"值域化"的弹性控制方法，能够确保居住用地容积率指标在面对市场开发的不确定性时所具有的自适应性，引导城市新建居住用地的健康有序的建设。

　　此外，由于国内目前对控规的编制时序并没有提出明确要求，部分学者曾指出，部分城市建设用地增长速度过快而导致规划频频失效的根本原因在于"控规"在时间维度缺失的问题（黄明华等，2009年）。最新出台的《城市、镇控制性详细规划编制审批办法》（住房和城乡建设部，2010年）第十三条明确规定：控制性详细规划组织编制机关应当制定控制性详细规划编制工作计划，分期、分批地编制控制性详细规划，并强调中心区、旧城改造地区、近期建设地区以及拟进行土地储备或者土地出让的地区应当优先编制控规。这不仅在一定程度上否定了国内目前普遍采用的控规"全覆盖"式做法，也对城市不同片区控规编制的内容、方法、时序等方面的"差异性"提出了新的要求。目前的《城市规划编制办法》（住房和城乡建设部，2006年）、地方的城市规划条例和相关管理技术规定并没有对上述规定和要求作出相应的技术应对，仍然采用全盘"一刀切"的方式。因此，如何结合城市社会经济和空间结构的发展探索出一种具有弹性特征的居住用地容积率指标体系，为城市不同区域的开发建设提供具有针对性的指标依据，确保不同地段城市开发控制过程中指标的科学性、合理性，也是本研究的另一个重要的目的。

　　最后，从我国处于城镇化加速和经济快速发展的背景来看，在保障经济效率之外的公共利益的基础上，科学合理地确定、控制城市新建居住用地容积率指标是本研究的核心。因此，研究旨在加强控规的科学性，将"值域化"概念引入容积率指标的确定和研究中，通过对影响居住用地公共利益规范性因子的选择建立数学模型，以此探索适应居住组团层面城市新建居住用地现实情况和发展可能的、具有操作性的容积率"值域化"控制方法，最终实现土地开发强度的科学制定和控制，实现公平与效率的双赢。本研究对于发展完善具有地域特色和操作性的居住用地容积率指标控制方法，充实以容积率指标为核心的控规理论，有效引导和控制城市居住用地的开发建设具有重要的理论意义和学术价值，对于实践城市规划与社会发展公平、公正的公共政策，促进城市的科学发展具有较强的实践意义。

1.4 研究目标

　　（1）针对我国目前开发控制规划体系中存在的问题，特别是控规编制过程中容积率指标确定方法存在的问题，从与土地开发关系最为密切的居住用地容积率指标入手，建构基于公共利益的城市新建居住用地容积率指标"值域化"约束模型，在居住用地容积率影响因子评价和模型建构等重要科学问题上，实现技术手段与方法的重点突破。

　　（2）通过一定的技术手段选择代表公共利益的典型规范性指标作为居住用地容积率的影响因子，分别建构公共利益单因子和多因子影响下的城市新建居住用地容积率"值域化"约束模型，模型的上限值应以满足国家规范的最低限度和技术标准为原则进行规划求解，下限值的确定重点在于为了确保在居住组团层面有一定的人口规模和建筑总量来支撑相应的公共服务设施，通过居住用地容积率"值域化"的控制方式实现约束模型的适应性、动态性特征。

　　（3）以数学模型的构建作为技术支撑，结合案例城市居住用地建设的实际情况提出案例城市新建居住用地样本容积率"值域化"的控制方法，并通过具体的实证研究实现对城市新建居住用地容积率"值域化"模型的检验，同时也实现了对案例城市新建居住用地样本容积率的调整与优化，使其更加符合公共利益的需求。

1.5　研究方法

1.5.1　资料调查及文献研究

整理、收集国内外有关土地开发控制，特别是容积率确定方法的相关理论与案例资料，借助规划审批图件、GIS、RS、卫星图斑等手段选取、调查、搜集研究所确定的案例城市新建居住用地样本开发建设现状的资料，包括项目名称、地块面积、总建筑面积、日照间距系数、容积率、绿地率、建筑密度、建筑高度、停车位数量、居住户数、居住人口、户均建筑面积、人均建筑面积等，对获取的资料和相关数据进行初步的整理和统计，在此基础上选择与拟研究的新建居住用地容积率大小影响直接相关的"公共利益"影响因子。

1.5.2　概念界定及可行分析

由于本研究是在公共利益视角下的城市新建居住用地的容积率"值域化"模型构建，其目标及过程更多地体现出"社会公平性"的特征，因此首先需要对城市开发层面的"公共利益"概念进行准确的界定，确保其同时对居住用地容积率的上、下限值进行控制在理论上的可行性和必要性，即容积率"值域化"控制既满足了城市居住环境最基层单元（组团层面）的市民基本生活保障和"公共利益"，同时又可避免由于单纯对容积率的上限进行控制而带来的净损失对整个社会福利的影响，从而对宏观层面城市的公共利益造成损害。

1.5.3　数学建模及阈值计算

容积率作为一种定量描述土地开发强度的指标形式，势必与其影响因素之间存在着一定的数学关系，因此，在研究中为了说明容积率指标与其影响因素的具体数学逻辑关系，可采用数学建模的方法。数学模型（Mathematical Model）是近些年发展起来的新学科，是数学理论与实际问题相结合的一门科学。它将现实问题归结为相应的数学问题，并在此基础上利用数学的概念、方法和理论进行深入的分析和研究，从而从定性或定量的角度来刻画实际问题，并为解决现实问题提供精确的数据或可靠的指导。

数学模型计算的最基本前提就是对模型中部分变量进行假设，根据对象的特征和建模目的，对问题进行必要的、合理的简化，用精确的语言作出假设，是建模至关重要的一步，其目的在于使处理方法简单，尽量使问题线性化、均匀化。本研究为了简化众多影响居住用地容积率的因子体系，使模型更加清晰地反映出影响容积率指标的最直接要素，在各约束条件层面也有必要对部分变量进行假设或者常量化处理。

以容积率指标为因变量，以地块（即居住组团）层面的容积率影响因子为自变量，采用基于线性规划的手段来进行居住用地容积率"值域化"数学模型的构建。容积率"值域化"模型的上限值应以满足国家规范的最低限度和技术标准（自变量取值范围的极限值）为原则进行规划求解，通过定量计算的方式分别计算在单因子约束和多因子综合约束条件下的容积率最大值；下限值的确定主要根据居住用地容积率约束模型中自变量取值范围的另一个极限值，重点在于确保在居住组团层面有一定的人口规模和建筑总量来支撑相应的公共服务设施，同时在理论上通过"限低"行为实现城市宏观层面的公共利益最大化，避免了开发商的"囤地"行为。

1.5.4 实证研究及检验反馈

选择国内具有典型特征的案例城市，将研究所制定的城市新建居住用地容积率"值域化"模型应用到实际的开发项目验证过程中，通过对基于公共利益的案例城市新建居住用地样本容积率"值域化"控制，指导案例城市新建居住用地的开发控制，并对开发控制的全过程实施动态跟踪，对跟踪的结果进行及时的总结、反馈，从而进一步对理论层面城市居住用地容积率"值域化"模型进行优化与调整，实现整个过程的互动性、动态性及开放性。

1.6 研究内容

1.6.1 研究案例城市土地利用现状及土地开发控制特点

（1）案例城市的政治、经济、社会、形态等方面的特点；

（2）案例城市土地开发，特别是新建居住用地相关规划编制情况、土地市场运作、管理机制等的特点；

（3）案例城市新建居住用地开发强度的核心指标体系（地块面积、容积率、建筑密度、建筑高度、建筑层数、绿地率、居住户数、居住人口、户均建筑面积、人均建筑面积、停车位数量等）的特点。

（4）总结案例城市目前在土地开发控制层面，特别是现状居住用地容积率制定和管理方面存在的主要问题。

1.6.2 居住用地容积率"值域化"影响因子体系的建立

选取与居住用地地块容积率指标直接相关的所有"公共利益"影响因子，确保筛选后规范性因子的选择和国家规范标准相一致，进而通过一定的技术手段调查、统计、分析案例城市新建居住用地样本的开发建设现状指标体系，重点在于对案例城市新建居住用地现状指标体系中与筛选后的居住用地容积率"值域化"模型直接相关的影响指标现状特点的总结。

1.6.3 居住用地容积率"值域化"约束模型的建立

（1）借鉴相关数学建模方法与技术，结合我国目前城市新区居住用地开发建设的实际情况，建构居住用地地块层面（即组团层面）的多类数学模型体系——单因子影响下的居住用地容积率"值域化"约束模型，探讨在单因子影响下的居住用地容积率上、下限值的取值范围，即取值条件，并通过实证研究的方式对模型的合理性和适用性进行检验。

（2）将各种单因子影响下的城市新建居住用地容积率"值域化"模型进行叠加，形成多因子综合影响下的居住用地容积率"值域化"模型，探讨在多因子综合影响下的居住用地容积率上、下限值的取值范围，即取值条件，并对模型的合理性和适用性进行检验。

1.6.4 实践验证

选择案例城市中符合研究条件的新建居住用地为研究样本（即独立完整的居住用地或居住组团），确定基于公共利益的案例城市新建居住用地容积率"值域化"约束模型，并将根据约束模型计算得出的容积率与样本地块初始容积率进行比较，从而实现对案例城市居住用地样本初始容积率的优化与调整。

1.7 研 究 框 架

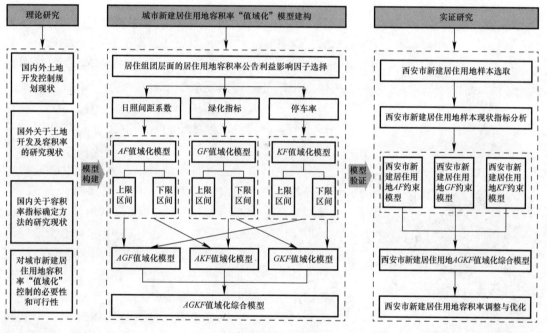

图 1-2 研究框架

资料来源：笔者自绘

2 国内外关于土地开发控制及容积率的相关研究评述

2.1 国外关于土地开发及容积率的研究现状

2.1.1 理论层面

在西方发达国家，起源于 19 世纪 20～30 年代的区位论为城市开发强度分区奠定了基础，它研究的是特定区域内人类经济活动与社会、自然等其他事物和要素间的相互内在联系和空间分布规律。1826 年，德国经济学家杜能提出了以城市为中心呈六个同心圆状分布的农业用地的区位理论（图 2-1）；1909 年，德国经济学家韦伯在研究工业企业选址的基础上提出了工业区位论（图 2-2）；1933 年，德国地理学家克里斯泰勒通过对区域城镇体系各级中心地分布格局的研究，提出了中心地理论（图 2-3）；1940 年，德国经济学家廖什通过将生产区位与市场结合起来，提出了市场区位论（图 2-4）；1960 年，美国土地经济学家阿隆索运用微观经济学的原理，解析区位、地租和土地利用之间的关系，并提出了著名的竞租曲线，为城市土地使用和开发强度的空间分布提供了经济学原理（图 2-5）。以上各类区位理论均体现出一个共同特点，即区位是决定城市土地利用价值的最重要因素之一，城市土地的开发绩效与区位有关，而在市场经济体制下，这种关系更加紧密。区位条件越是优越，土地价格越高，相应的开发强度也就越高。因此，以区位理论作为指导，从区位条件入手进行分析，用因

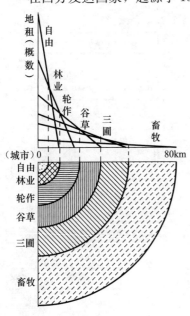

图 2-1 杜能的农业区位论

资料来源：Maurice Yeates. The North American City [M]. New York：Harper Collins Pubs. 1990.

果关系的推理思路，正确评价不同条件下的区位类型对土地造成的影响，在一定程度上就能较准确合理地指导城市土地的开发。

在相关理论的指导下，许多国家逐渐展开了城市土地开发强度控制的实践。在美国，区划法规是控制用地开发的主要手段。作为地方性法规，它是由市规划局提出，经市议院批准，交规划局执行的。具体对于用地开发强度指标的控制，有"白箱"和"黑箱"两种方式。1957 年，芝加哥开始对土地利用和开发量进行统一控制，最早提出了容积率的概念，其目的是为了控制有限土地上的建筑总量，使土地的开发价值得到更好的保障。1961

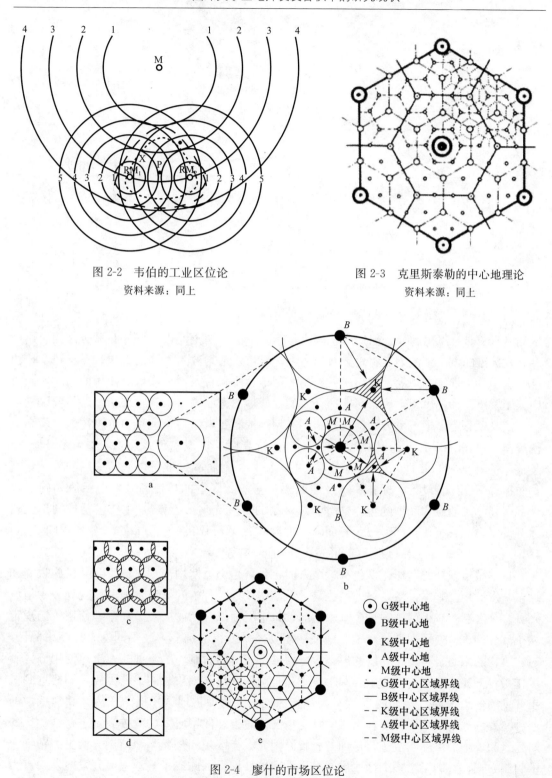

图 2-2　韦伯的工业区位论
资料来源：同上

图 2-3　克里斯泰勒的中心地理论
资料来源：同上

G级中心地
B级中心地
K级中心地
A级中心地
M级中心地
G级中心区域界线
B级中心区域界线
K级中心区域界线
A级中心区域界线
M级中心区域界线

图 2-4　廖什的市场区位论
资料来源：同上

年，纽约市区划法中正式引入了"容积率"的概念，通过土地用途分区、规定各类用途土地的容积率指标，实现区划条例对开发强度的控制。但区划法中严格的密度控制，也会扭

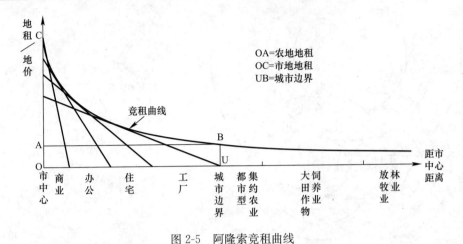

图 2-5　阿隆索竞租曲线

资料来源：Alonso，W．Location and Land Use Harvard［M］.
Cambridge：Cambridge University Press，1964.

曲资源的分配，提升地价和房价，有时甚至会成为引发城市蔓延的主要原因之一。此外，区划（Zoning）思想起源于纽约市，该市是第一个把所辖土地进行分区并赋予其相应用途和开发标准的城市。区划是将地方政府所辖的城市土地划分为不同的地块，对于每个地块都制定了管理规定的规划，确定每一地块的用地性质和有条件允许混合使用的用途，同时引入了城市设计的思想，确定了土地开发的物质形态方面的要求和控制指标。传统区划运作方式可以分为以下三个方面的内容：①区划的控制要素：每个地块的许可用途、最小地块规模（Minimum Lot Sizes）、建筑密度、建筑高度、空地和建筑后退红线（Setback）、建筑体量限制（Bulk Limits）、停车要求等。此外，附属的标准可以涵盖更广的领域，诸如防护林带、建筑设计、标志牌以及照明要求等。②区划的控制特征，包括区划的一致性、区划的排他性和区划的包容性等。③区划的更改（改良趋势），主要包括规划单元整体开发（Planning Unit Development）、簇群式区划（Cluster Zoning）、混合用途区划（Mixed Use Zoning）和特别区（Special Districts）等。

　　日本城市规划的运作体系包括三个方面，分别是土地使用规划、城市公共设施规划和城市开发计划。其中，最主要的部分是土地使用规划。日本的城市土地使用规划分为地域划分、分区制度和街区规划三个基本层面，每个层面都包括发展政策和土地使用管制规定两个部分。土地使用区划是日本土地使用规划体系的核心部分，在不同的土地使用分区，对建筑物的用途、容量、高度和形态等方面进行相应的管制。尽管如此，土地使用分区制度作为对于私人财产权的有限控制手段，只是确保城市环境质量的最低限度，不能达到城市开发的理想状态。在1970年代后期，街区规划作为促进地区发展的整体性和独特性的一种有效的规划措施，针对各街区的特定情况，对土地使用区划的有关规定进行细化，并对建筑和设施的实际建造进行详细的布置。因此，街区规划是比土地使用分区更为精细化的管制方式，有助于增强街区发展的整体性和独特性，因此成了日本土地开发控制的有力依据。此外，在日本，城市的开发强度控制除了基本区划中的土地使用分区之外，还有各种特别区划：许多城市编制街区规划，使开发强度控制体系更趋于精细化。

　　新加坡的城市规划体系受到了英国城市规划体系的影响，也采取了二级体系（Two-tier

System），分别是战略性的概念规划（Concept Plan）和实施性的开发指导规划（Development Guide Plan，简称 DGP）或原来的总体规划（Master Plan）。总体规划曾经是新加坡的法定规划（Statutory Plan），作为开发控制的法定依据，其任务是制定土地使用的管制措施，包括用途区划和开发强度以及基础设施和其他公共建设的预留用地。自 1980 年代以来，开发指导规划（DGP）逐步取代了总体规划，成为开发控制的法定依据。按照开发指导规划，新加坡被划分成了 5 个规划区域（DGP Regions），再细分为 55 个规划分区（Planning Areas）。每个分区的开发指导规划以土地使用和交通规划为核心，根据概念规划的原则和相关政策，针对分区的特定发展条件，制定用途区划、交通组织、环境改善、步行系统和开敞空间体系、历史保护和旧城改造等多方面的开发指导细则。可见，分区的开发指导规划显然要比全岛的总体规划更有针对性，因而对于具体的开发活动更具有指导意义。开发指导规划不但取代了法定的总体规划，而且在很大程度上涵盖了非法定的地区规划内容。

德国联邦建造法典的第 1 章明文规定：城市开发控制体系分为两个层面，分别是概略的土地利用规划（简称 F-Plan）和具有法定约束力的建造规划（简称 B-Plan）。大比例的 F-Plan 作为设计思考的战略性基础，属于战略性的规划层面；而小比例的 B-Plan 作为开发控制层面的规划，为管制各地块的土地用途和开发容量提供了依据，它包括建筑密度、建筑体量、附属建筑和停车空间、公共设施、住宅数量、限制开发或配置特定设施的空间、自然环境保护措施、公共通行权和游憩空间、种植区域、树木和水体的保护等。实践证明，由建筑师协会主持的设计竞赛是为 B-Plan 提供设计建议的最佳途径。

英国是城市规划体系最为完善的国家之一，对许多其他国家的城市规划都产生了非常深远的影响。1968 年的规划法确立了发展规划的二级体系（Two-tier System），分别称作战略性的结构规划（Structure Plans）以及实施性的地方规划（Local Plans）。作为开发控制依据的地方规划，其主要任务是为地区未来 10 年的发展制定详细的政策，包括土地、交通和环境等各个方面，因此更为直接地影响到各方利益。地方规划是开发控制的主要依据，编制过程包括磋商、质询和修改三个阶段，其中公众质询（包括一般民众、土地业主和开发商等）是地方规划编制过程的法定环节。需要说明的是，英国的开发控制体系是以判例式为主要特征的，地方规划只是开发控制的主要依据之一，并不直接决定规划许可与否，规划部门在审理开发申请时享有较大的自由量裁权。

法国的规划体系也分为两个层面。上一个层面是总体规划，涉及比较广泛的领域，是对于各种活动和基础设施的配置。它通常并不能直接用于规划控制，尽管其在较大尺度上建立了景观保护地区、城市发展形态、主要基础设施的投资以及大范围的土地用途配置。它为下一层面的地方性的土地利用分区规划提供了基本框架，其他规划也必须与之协调。地方性的土地利用分区规划（POS），建立规划覆盖范围内的建筑和土地的基本规则。规划文件包括报告、分区图则以及一系列的规章。规划体例是标准化的，因为它必须遵循规划法典的指定形式，特别是各个分区及其规章，只是针对不同地方的特定情况。对于每一个指定地区，POS 都会有相应的章节，包括 15 项条款。有些条款适用于所有案例，包括土地使用和建筑布局及其与道路、地块界线和地块内其他建筑物的关系。其他条款涉及基底覆盖率、建筑高度、建筑外观、停车、美观以及容积率等方面，它们是选择性的。如果有必要的话，POS 的图则文件可以指定因为美观、历史或生态原因而需要保护或改善的地区和建筑，对此可以实施特殊规定，尤其是对于现有建筑的拆除。这一政策的实施完全取决于政府，但只有个别市镇利用了这种可能性，以实施最大限度的历史建筑保护。

在大洋洲，绩效区划是区划法的补充或替代，萌芽于 1950 年代美国"国家工业区划委员会"修改工业管理的规则中，并在澳大利亚和新西兰得到广泛应用。所谓绩效区划，不是对土地的用途、容积率等进行限制，而是以某块土地的开发及开发后的活动是否符合一系列绩效标准（例如环境污染、交通影响等具体指标）来决定是否许可开发，是一种判例式规划决策方式。其优点在于既控制了土地开发对环境、邻里和基础设施的影响，又增加了规划的适应性，缺点是不能控制那些无法数字化的土地开发的影响。但重要的是，绩效标准的存在一定意义上与现阶段提出的"可持续发展"思想契合。与美国和其他欧洲国家相比，英国的地方发展规划仍然没有建立完整的空间设计策略，尚未将大规模开发的区位、基础设施的投资配置、自然和历史保护地区与城市空间结构相结合，但环境部的规划政策指导文件十分强调尺度、密度、高度和体量的控制，因而不少地方规划将密度作为一个主要控制因素，最为常见的是居住密度控制，包括居住密度上限的限定和下限的关注。国外一些发达国家除了制定与开发强度分区控制相关的各种法规政策之外，也制定了各种与开发强度指标相关的弹性政策指导实践（表 2-1）。

国外部分发达国家制定的开发强度弹性政策内容　　　　　表 2-1

美国	**1）容积率奖励** 1963 年，美国西雅图市引进容积率奖励策略，最初的奖励对象仅限于有助于改善城市步行环境的几项要素，如小广场、室内步行街等，之后经过数次修改，至 1985 年将奖励条例扩展到 28 项。针对每个项目，均有明确的容积率奖励指标和最高奖励极限。奖励的目的并不仅仅着眼于改善个别地块及其周围等局部的城市环境，有些要素更是着眼于其对城市整体环境所产生的效果。 （1）广场奖励制度：纽约市于 20 世纪 60 年代在对其土地开发分区控制制度的修改条例中所创立的，开发商在提供一定规模公共空间的前提下可以获得高出标准容积率的额外建筑面积。 （2）奖励分区制度：是从广场奖励制度发展而来的。由于广场奖励制度意在改善城市环境的同时也顾及到了各个地块业主本身的利益，美国其他城市也纷纷效仿，并不断地加以改善和发展，奖励分区制度就是利用相同的原理逐步将奖励的对象从公共广场扩展到其他有利于改善城市环境的要素或有利于公共利益的因素。 **2）开发权转移** 开发权转移是一种将限制建设地带的项目转移至其他地区进行建设的城市建设运作手段，即在城市规划范围内的任何土地上，为建设法规许可但由于特殊原因无法获得开发收益，可以根据该地块的容积率计算出开发面积，将可开发面积定义为该地块的开发权，转移至指定范围内的其他用地，由接受转移的用地合并自身原有的开发权作较为密集的开发。 **3）连带开发** 连带开发以分摊社会责任为出发点，要求私人开发在获取经济利益的同时，建设与自身项目无关但有益于公共利益的项目、设施或其他便民服务。一般情况下，连带开发可分为强制性连带、选择性连带与协商性连带三种形式。 **4）资金策略** 资金策略主要应用于客观上具有良好的公共价值，但由于缺乏明显的利润回报，难以对开发商构成吸引力而不得不长期处于搁置状态的建设项目。其措施为通过直接或间接形式的政府资金投入，增加项目吸引力，并在一定程度上降低开发成本，以此拉动私人资本投入，确保项目顺利运转。具体包括经费援助、赋税/租地价减免、信贷支持三种形式。 **5）特定区制度** 特定区制度是针对某些环境、条件较为特殊或由于发展历史等原因已形成的较有特色的地区地段而设置的，其特点是所采取的各项措施均具有很强的针对性。

韩国	针对容积率奖励，韩国制定了3种不同的容积率标准，即基准容积率、允许容积率、上限容积率3个等级。根据土地开发的基本经济平衡要素所确定的容积率最低点为基准容积率，根据增加的公共服务或城市设计等项目所给予的容积率奖励范围为允许容积率，根据土地容量及城市综合承载力确定的容积率峰值为上限容积率。在规划中，开发强度规划根据地域特性，在3项指标中任选2项，给予开发者充分的弹性。
日本	1970年，日本通过对最基本的建筑法规《建筑基准法》的修改，设立了与纽约市广场奖金制度类似的"综合设计制度"。具体内容是：对在其地块内设置一定规模的"公开空地"（即无条件对一般市民开放的开敞空间）的开发建设项目，各个地方政府可以根据其具体情况制定相应的条例，在容积率上给予一定的奖励或放宽在建筑高度方面的限制，即规定建筑区内有效公开空地面积比例不低于20%，如果高于20%，可依据一定的计算公式获得额外的容积率奖励。
澳大利亚	根据《环境规划》的规定，当开发申请涉及悉尼中心受保护的历史建筑时，审批部门可向历史建筑的所有者或所有者指定的个人奖励一定数量的建筑面积，即HFS。同时，《环境规划》还规定，凡在城市中心区范围内，HFS既可以授予也可以划拨，而在城市边缘区，可以授予HFS，但只能划拨到城市中心区内的地块上。（悉尼市历史建筑保护的奖励制度及启示）

资料来源：笔者整理

2.1.2　实践层面

在实践层面，容积率最早是1957年芝加哥的城市土地区划管理制度（Zoning Ordinanee）提出和采用的一项重要控制指标。西方的区划主要考虑两个问题：土地用途和使用密度。土地使用的开发强度指标的定量确定主要有两种方法：一是按市场的供求情况，通过相关利益的各方谈判确定，然后将其法律化；二是借鉴以前或者有关城市的经验事先预定。实际上，这些指标常常经过一定的法律程序而被修改。此外，从国外对以容积率为核心的开发强度的相关研究来看，可以按照土地制度的不同分为两个方面：

对于欧美等西方发达国家来说，在其财产和土地私有制度背景下，所有土地的容积率指标已经在区划法规中以法律条文的形式明确下来，并且容积率指标代表的更多的是土地的公平而非效率（梁江等，2000年），其核心在于保护既得利益并对新开发的地产项目进行限制。指标确定的方式有"根据市场供求状况谈判"和"借鉴已有经验"两种。它确定的理想状态，是各主要利益团体经过一定的法律程序博弈的最终结果。其中，政府起着政策制定引导的作用，追求金融税收的繁荣、城市的合理发展以及生态环境的维护；开发商负责具体的项目开发和运营推广，追求更高的利润回报；城市市民以及各类民间团体则对项目的进行起到有效的监管作用，避免由于市场的过度开发而导致生境的破坏和场所精神的缺失，以追求更好的就业环境与更高的生活质量。所以，对于国外来讲，容积率指标的确定方法并不会进入研究者的视野，而是从制度层面对于容积率的管制、容积率的奖励、容积率的转移等问题进行了大量的研究和探讨（侯丽，2005年）。

对于与中国相同的土地国有制国家（例如新加坡、日本等）来说，其在土地开发过程中的特点与中国相类似，代表土地开发效率的容积率指标在制定和实施过程中所面临的问题背景与中国有着相同之处，因此，对于容积率指标确定的理念和方法有着诸多可借鉴之处。

Alain Bertaud 等（2004 年）通过对印度 Bangalore 地区的实证分析，发现了城市容积率指标和城市福利成本的相互关系，并且运用相关数学模型探讨了在容积率限制下消费者福利损失的计算方法，从而定量分析判断容积率是如何影响城市均衡的。Boon（2003 年）提出了绿色容积率（Green plot ratio，GPR）的概念，即采用探地雷达技术和一种被称为叶面积指数（leaf area index，LAI）的生物参数来确定单位地面的叶面积（Boon Lay Ong，2003 年），该指标相对于容积率来讲更能够反映出地块的生态质量和综合环境品质。

与本研究的目标和理念最为接近的是 Tatsuhito Kono 等（2008 年）对于土地开发过程中容积率最小值控制方法的研究。该研究认为，对于城市来讲，经济的运行源于两种动力：城市中均质分布的家庭和开发商。如果采用最简单的分析，假设每位家庭成员在居住区外工作，外部不经济仅仅是居民区内的人口密度所引起，同时也没有任何居民转移到另外一个城市或地区中去，这意味着人们不可能去改变他们所工作与生活的城市；开发商们进行城市开发，土地和建筑都是在完美市场竞争的环境下供给的，不存在行政划拨和其他特殊的情况。故而研究所设定的城市模型是一个假想的静态城市模型（封闭模型），该城市由两个面积一定（分别以 $\overline{A_1}$，$\overline{A_2}$ 来表示）的地块所构成，这两个地块在空间上是不受限制的，即没有具体的空间范围和边界，因为这两个地块代表了城市中的所有地区。该模型结构类似于 Pines 和 Weiss（1976 年）提出的城市空间模型，即在两个地块中总人口一定的情况下，寻找土地开发收益和土地价值之间的关系。为了实现研究的目的，该研究在 Pines 和 Weiss 模型的基础上增加了人口密度外部性和建筑物两类变量。假设在两个地块中每个地块的建筑容积率作为一种外生的变量（Exogenous Variable），是由政府部门制定的，最优的容积率可以限定为使家庭效用最大化的容积率指标，并可以采用拟线性效用函数（Quasilinear Utility Function）来对该静态城市进行分析。

根据该研究的定义，单个家庭效用的最大化之和相当于总的家庭效用（家庭集聚效用）最大化，因为在该静态城市的假设中，所有的家庭都是均质分布的，家庭集聚效用可以用公式表示为 $B=(\Sigma_i N_i V_i)$。由于家庭集聚效用在一定程度上代表了一种社会福利，根据公共利益最大化的原则，最优的容积率指标可以按照如下方式来定义：

$$\text{Optimal FAR}_1 \text{ and FAR}_2 = \arg\max_{\text{FAR1 and FAR2}} B(=\Sigma_i N_i V_i) \tag{2-1}$$

基于公共利益的社会福利 dB 的微分形式可以用如下公式来表示：

$$dB = \left(r_1^h - \frac{\partial C_1^d}{\partial F_1}\right)dF_1 + \left(r_2^h - \frac{\partial C_2^d}{\partial F_2}\right)dF_2 + \left[N_1\frac{\partial\mu}{\partial N_1}dN_1 + N_2\frac{\partial\mu}{\partial N_2}(-dN_1)\right] \tag{2-2}$$

公式（2-2）分别描述了三种市场环境中无谓损失的总变化：$\left(r_1^h-\frac{\partial C_1^d}{\partial F_1}\right)dF_1$ 表示了地块 1 中容积率的变化，$\left(r_2^h-\frac{\partial C_2^d}{\partial F_2}\right)dF_2$ 表示了地块 2 中容积率的变化，$\left[N_1\frac{\partial\mu}{\partial N_1}dN_1+N_2\frac{\partial\mu}{\partial N_2}(-dN_1)\right]$ 表示地块 1 和地块 2 中人口密度外部性的变化，实际上 $dN_2=-dN_1$。因此，总的公共利益 B 可以看作是一种由相关政策控制下的函数变量，而且容积率是建筑面积 F_i 和用地面积的比值，所以在地块面积一定的条件下，最优的容积率也就是最优的总建筑面积，考虑到 $F_1\geqslant0$，$F_2\geqslant0$，在 Kuhn-Tucker 条件下的公共利益最大化的必要条件是：

$$F_1 \left\{ \frac{\partial B}{\partial F_1} \right\} = 0, \frac{\partial B}{\partial F_1} \leqslant 0, \text{并且} F_2 \left\{ \frac{\partial B}{\partial F_2} \right\} = 0, \frac{\partial B}{\partial F_2} \leqslant 0 \tag{2-3}$$

在这里，假设最优的解决方法是 $F_1 = 0$ 或者是 $F_2 = 0$，这意味着在地块 1 或者是地块 2 中，建筑面积为零的情况下实现公共利益的最大化，在这样一种条件下，居民可以选择居住在完全没有拥挤的地块中。因此，$F_1 = 0$ 或者是 $F_2 = 0$ 作为最优的解决方案显然是不现实的，即 $F_1 \neq 0$，$F_2 \neq 0$，所以公式（2-3）就可以变成为 $\frac{\partial B}{\partial F_1} = 0$，$\frac{\partial B}{\partial F_2} = 0$，将该结果代入公式（2-2），即为：

$$\frac{\partial B}{\partial F_1} = \left(r_1^h - \frac{\partial C_1^d}{\partial F_1} \right) + \left(N_1 \frac{\partial \mu}{\partial N_1} - N_2 \frac{\partial \mu}{\partial N_2} \right) \frac{\mathrm{d} N_1}{\mathrm{d} F_1} = 0 \tag{2-4a}$$

$$\frac{\partial B}{\partial F_2} = \left(r_2^h - \frac{\partial C_2^d}{\partial F_2} \right) + \left(N_1 \frac{\partial \mu}{\partial N_1} - N_2 \frac{\partial \mu}{\partial N_2} \right) \frac{\mathrm{d} N_1}{\mathrm{d} F_2} = 0 \tag{2-4b}$$

公式（2-4）表示了地块 1 和地块 2 中的总建筑面积最优的状态条件，公式（2-4a）中，$\left(r_1^h - \frac{\partial C_1^d}{\partial F_1} \right)$ 表示建筑面积 F_1 市场无谓损失的边际变化，$\left(N_1 \frac{\partial \mu}{\partial N_1} - N_2 \frac{\partial \mu}{\partial N_2} \right) \frac{\mathrm{d} N_1}{\mathrm{d} F_1}$ 表示了地块 1 和地块 2 中人口密度外部性的边际变化，该变化源自于由于地块 1 容积率变化导致的两个地块人口规模的变化（即人口由地块 2 向地块 1 移动）。因此，该公式说明为了使地块 1 中容积率变化带来的公共利益最大化，公式结果应该为 0。

接下来，研究通过增加 4 个限定条件可以进一步改变公式（2-4），改变后的公式与市场均衡条件下的结果相比更加能够说明问题（即容积率约束下的总建筑面积与市场均衡状态下的差异）。

（1）建筑面积函数 D_{Fi}

建筑面积函数 D_{Fi} 可以定义为地块 i 中建筑面积无谓损失的边际变化，根据这一定义，公式（2-4a）和公式（2-4b）的前部分可以用函数 D_{Fi} 表示，即：

$$D_{F1}(F_1, F_2) \equiv r_1 - \frac{\partial C_1^d}{\partial F_1}, D_{F2}(F_1, F_2) \equiv r_2 - \frac{\partial C_2^d}{\partial F_2}$$

在该公式中，房屋价格（租金）r_i^h 和边际成本 $\frac{\partial C_i^d}{\partial F_i}$ 是内生变量，是有容积率约束背景下的变量类型。

（2）市场均衡（无容积率管制）状态下的变量 F_1^M 和 F_2^M

$$D_{F1}(F_1^M, F_2) \equiv r_1^h(F_1^M, F_2) - \frac{\partial C_1^d}{\partial F_1}[R_1(F_1^M, F_2), F_1^M] = 0 \, for \, \forall F_2$$

$$D_{F2}(F_1, F_2^M) \equiv r_2^h(F_1, F_2^M) - \frac{\partial C_2^d}{\partial F_2}[R_2(F_1, F_2^M), F_2^M] = 0 \, for \, \forall F_1$$

该公式表示地块 i 中的房屋价格（租金）等于在没有容积率约束下的总建筑面积 F_i^M 供给变化的边际成本。所以，F_1^M 等于地块 1 中在没有容积率管制约束条件下的市场均衡状态下的建筑面积，与 F_2 不相关。同理，F_2^M 等于地块 2 中在没有容积率管制约束条件下的市场均衡状态下的建筑面积，与 F_1 不相关。

（3）容积率管制模式变量（容积率变化变量）$\widetilde{F}_i$

作为新的变量，$\widetilde{F}_i$ 可以被定义为：

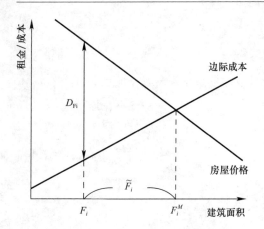

图 2-6 各类容积率之间的相互关系

资料来源：Tatsuhito Kono, Takayuki Kaneko, Hisa Morisugi. Necessity of minimum floor area ratio regulation: a second-best policy [J]. Annual of Regional science, 2010 (44).

$$F_1^M(F_2) + \widetilde{F}_1 = F_1, F_2^M(F_1) + \widetilde{F}_2 = F_2$$

因此，在有容积率约束下的地块 i 中，$\widetilde{F}_i$ 代表了管制后的 F_i 减去市场均衡状态下的 F_i^M，换句话说，$\widetilde{F}_i$ 表示约束条件下的规划容积率与市场均衡状态下的容积率的差值，反映了管制容积率相对均衡容积率所带来无谓损失的大小。图 2-6 表示了 D_{Fi}、$\widetilde{F}_i$、F_i^M 和 F_i 之间的相互关系，在这里，$\widetilde{F}_i$ 的影响可以是积极的（值为正），也可以是消极的（值为负），在该图中反映的是消极影响。

（4）$D_N(F_1, F_2)$ 函数（地块 2 向地块 1 人口移动过程中引起的两个地块人口密度外部性的变化）表达了两个地块人口密度外部性的差异，如公式（2-4）的第二部分，因此：

$$D_N(F_1, F_2) \equiv D_{N1}(F_1, F_2) - D_{N2}(F_1, F_2)$$

其中：

$$D_{N1}(F_1, F_2) \equiv N_1(F_1, F_2) \frac{\partial \mu}{\partial N_1}(F_1, F_2) \text{ 并且}$$

$$D_{N2}(F_1, F_2) \equiv N_2(F_1, F_2) \frac{\partial \mu}{\partial N_2}(F_1, F_2)$$

将以上 4 个定义条件同时应用到公式（2-4）中，可以得出如下定理：

定理 1（最优容积率的管制约束条件）：关于总建筑面积的最优条件，可以写成：

$$\frac{\partial B}{\partial F_1} = D_{F1}(F_1^M + \widetilde{F}_1, F_2^M + \widetilde{F}_2) + D_N(F_1^M + \widetilde{F}_1, F_2^M + \widetilde{F}_2)\frac{dN_1}{dF_1} = 0 \quad (2\text{-}5a)$$

$$\frac{\partial B}{\partial F_2} = D_{F2}(F_1^M + \widetilde{F}_1, F_2^M + \widetilde{F}_2) + D_N(F_1^M + \widetilde{F}_1, F_2^M + \widetilde{F}_2)\frac{dN_1}{dF_2} = 0 \quad (2\text{-}5b)$$

实际上，公式（2-4）和公式（2-5）二者道理相同，区别在于将 F_i 分为了 $\widetilde{F}_i$ 和 F_i^M 两个变量，如此，F_i 在公式（2-4）中代表的容积率约束条件下的总建筑面积在公式（2-5）中由 $\widetilde{F}_i$ 来表示，即在容积率约束条件下的总建筑面积与市场均衡状态下总建筑面积的差值，并且为了实现容积率约束条件下公共利益的最大化，总建筑面积供需市场无谓损失的变化与人口密度外部性的变化之和必须为 0。

因此，对于容积率"值域化"控制的研究是建立在没有容积率约束的条件基础上的，即 $(\widetilde{F}_1, \widetilde{F}_2) = (0, 0)$，地块 1 中的人口密度外部性影响要大于地块 2，即 $|D_{N1}(F_1^M + 0, F_2^M + 0)| > |D_{N2}(F_1^M + 0, F_2^M + 0)|$，主要原因在于环境影响因子的差异性（例如地块 1 中公共设施数量的不足）。在该假设条件下，建筑面积的最优约束条件可以用图 2-7 来表示，其中水平轴线表示 $\widetilde{F}_1$，垂直轴线表示 $\widetilde{F}_2$。实际上，$\widetilde{F}_i$ 表示了在地块 i 中的容积率控制模式：与市场均衡状态下的容积率指标在数值上的高低差异。在该图中，可以根据象限图来说明最优的 $(\widetilde{F}_1, \widetilde{F}_2)$，当容积率指标改变的时候，初始的 (F_1^M, F_2^M) 也会发生相应的变化。因此，根据图示，只有第二象限同时满足公式（2-5a）和公式（2-5b）的要求。

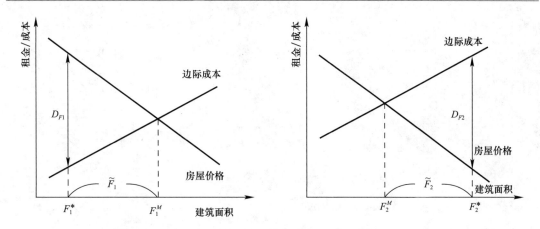

图 2-7 最优容积率的两种前提条件
资料来源：同上

综上所述，假设地块 1 中的人口密度外部性在没有容积率约束的状态下要大于地块 2 的人口密度外部性，即 $|D_{N1}(F_1^M+0,F_2^M+0)|>|D_{N2}(F_1^M+0,F_2^M+0)|$，最优的容积率必须同时满足 $\tilde{F}_1<0$，$\tilde{F}_2>0$。根据这一假设，地块 1 中的容积率指标必须要小于市场均衡状态下的容积率指标，地块 2 中的容积率指标必须要大于市场均衡状态下的容积率指标（图 2-7）。为了达到这种状态，在地块 1 中必须对容积率进行限高，而在地块 2 中必须对容积率进行限低。地块 1 中的容积率上限值意味着允许在土地上所开发建设的建筑面积总量取值范围为 $[0,F_1^*]$，地块 2 中的容积率下限值意味着允许在土地上所开发建设的建筑面积总量取值范围为 $[F_2^*,\infty]$，在这里 F_1^*、F_2^* 分别对应最优的建筑面积总量。

从理论上讲，分别对地块 1 的最大容积率和地块 2 的最小容积率进行控制将可能导致人口由地块 1 流向地块 2，如此，总的人口密度外部性影响将会减小，两个地块的容积率指标都将趋于最优，公共利益也将趋于最大化。这种容积率指标的控制成本即为在两个地块中的市场建筑总量的无谓损失，通过有效的容积率指标控制和引导人口密度分布，这种人口流动的过程带来的边际无谓损失在数学上表现为从 0 开始的线性递增。因此，将研究区域中地块 1 中的容积率上限值和地块 2 中的容积率下限值结合在一起进行整体性开发控制，能比任何单个地块容积率的确定更有效地减小和控制人口密度外部性的成本，实现城市"公共利益"的最大化。

对上述理论的定量描述可以用图 2-8 来进一步解释。首先假设仅仅在地块 1 中实施容积率指标控制是为了促使人口向地块 2 流动，从而减轻一定的拥堵状况，图 2-8 中的点划线代表了需求曲线，该曲线由于容积率的管控作用而在市场均衡状态下发生了一定的偏移。该控制策略将会引起地块 1 中市场建筑总量的无谓损失，阴影部分的三角形面积（Ⅰ）代表了无谓损失的大小。另一方面，如果对两个地块都实行了容积率的控制，即地块 1 的容积率指标小于市场均衡状态下的容积率指标，地块 2 的容积率指标大于市场均衡状态下的容积率指标，这一控制方式可能会同时给两个地块带来市场建筑面积的无谓损失（Ⅱ中阴影部分 Ab），不难发现，总的无谓损失要小于 Aa。

综合上述分析，国外关于土地开发控制体系及容积率指标的制定方法有如下特点：

一类是以美国的"区划法规"为代表。在美国，土地所有权和开发权均为私有，所有

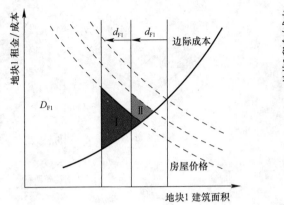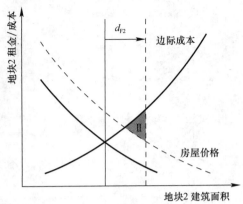

图 2-8 地块容积率取值范围

资料来源：同上

土地的开发强度指标起初就根据用地性质在区划法规中以法律条文的形式明确下来，而最终的容积率指标可采用"根据市场供求状况谈判"和"借鉴已有经验"两种方式修正确定。美国区划法规中的开发强度指标代表的更多是土地的公平而非效率（梁江等，2000年），其核心在于保护既得利益并对新开发的地产项目进行限制。其确定的理想状态是各主要利益团体（政府、开发商、市民等）经过一定的法律程序博弈的最终结果。

第二类是以英国的"个案审批"为代表。英国土地所有权私有、开发权国有，虽然法定城市规划体系历经变更，但开发强度控制一直是通过"个案审批"规划控制指标来实现的。英国是最早开始工业化的国家，城镇化的历程较其他国家长，"个案审批"由于控制"弹性"大，政府效能易于体现，公共利益易于保障，一直被沿用至今。

第三类是以日本的"区划"和"街区规划"多层面开发控制为代表。在日本，虽然乡村中存在一定数量的公有土地，但土地所有权基本为私有。国家对于公益性公共设施用地、城市的重点地段具有国有开发权。日本在城市的一般地段采用"区划"方式控制城市整体的开发强度，在可一次性整体开发的城市重点地段采用"街区规划"（类似于城市设计），以此控制开发强度，并确保城市发展的整体性与独特性。日本的"区划"与我国的控规较为相似，在容积率的确定方法上，一直较为强调经济效益，但近来的研究正从传统单一的经济视角向生态质量、综合环境品质等综合视角转变（Boon Lay Ong，2003年）。同时，为了便于控制指标在城市整体的具体规划中可结合发展进行灵活控制，近来的研究也在强调容积率应从传统的"单向极限值"向前文提及的"值域化"（容积率限低的必要性）转变（Tatsuhito Kono 等，2008年；Kirti Kusum Joshi 等，2009年）。

不难看出，由于土地制度上存在的根本差别，土地私有制国家对于城市容积率指标的研究已经上升到法律法规和管理机制层面，而从与我国土地制度相同的国家的相关研究来看，其关注重点在于两个方面：首先是在一种"可持续"发展状态下将城市动态的发展和容积率指标的确定有机结合，使得容积率指标体现出随城市社会经济的发展而发展的"动态"特征；其次，以社会福利最大化和公共利益的实现为研究目的，从经济学视角出发对城市发展过程中的容积率提出合理的高低临界值，从而在确保城市开发土地增值效益的基础上，最大限度地降低其带来的社会、环境方面的不利影响。这些研究成果在理念、方法和技术上对于我国具有非常重要的借鉴意义。

2.2　国内关于土地开发及容积率指标确定的研究现状

2.2.1　国内关于开发控制规划及容积率指标确定方法研究的发展历程

我国的城市规划开发控制体系（主要指控制性详细规划）研究是以国外相关经验和技术为基础而展开的（主要借鉴的是美国的区划制度和我国香港的法定图则制度），控制性详细规划作为一种"舶来品"，本身就带有一定的实验性和探索性的色彩，并且与我国的社会经济体制以及规划体系相结合，在我国城市发展的过程中起到了一定的指导作用。但是现行的开发控制规划体系仍然存在着很多的不足之处，如编制方法单一性和城市类型多样性的矛盾、规划编制科学性和规划成果法定性的矛盾、规划内容强制性和技术创新灵活性的矛盾、满足市场效率性和兼顾社会公平性的矛盾等。目前，国内各地方规划管理部门制定的城市规划管理技术规定等相关规章，是实践中开发强度控制的主要依据（表2-2），但由于部门规章所确定的指标过于粗略，并且缺乏制定的科学性依据，这便很容易导致城市整体开发容量的失控、参照规章确定的指标（主要指容积率）控制无法满足公共利益等不合理局面。

部分城市的相关规定中对开发强度及容积率指标政策的概述　　　　表 2-2

城市（地区）	具体内容
国家层面	我国现行的《民用建筑设计通则》：在既定建筑覆盖率和建筑容积率的建筑基地内，如建设单位愿意以部分空地或建筑的一部分（如天井、低层的屋顶平台、底层、廊道等）作为开放空间，无条件地永久提供作公众交通、休息和活动之用时，经当地规划主管部门确认，该用地内的建筑覆盖率和建筑容积率可以提高。
北京	在北京市中心城和新城控规编制中，专门就容积率奖励机制进行了专题研究"北京市规划管理中的容积率奖励研究"，通过设置奖励性机制辅助城市规划的管理，实现控规的自我维护与调整。
上海	《上海市城市规划管理技术规定》（2003）中规定：中心城内的建筑基地，为社会公众提供开放空间的，在符合消防、卫生、交通等有关规定的前提下，可增加建筑面积，但增加值总计不得超过核定建筑面积的20%。其中，核定建筑容积率小于2时，每提供1平方米有效面积的开放空间，允许增加1平方米的建筑面积；大于等于2且小于4时，每提供1平方米有效面积的开放空间，允许增加1.5平方米的建筑面积。
重庆	《重庆市城市规划管理技术规定》（2006）中规定：在建筑投影面积内，沿城市道路、广场设置的，为社会公众提供终日开放，能自由、便捷、直接进入，且实际使用面积不小于150平方米的广场、绿地等空间，可视作公共开放空间。建筑物本身功能要求的开放空间，不视为公共开放空间。为社会公众提供公共开放空间，可以相应增加建筑面积，其中，核定建筑容积率小于2时，每提供1平方米开放空间，允许增加建筑面积1.2平方米；核定建筑容积率大于等于2且小于4时，每提供1平方米开放空间，允许增加建筑面积1.5平方米；核定建筑容积率大于等于4时，每提供1平方米开放空间，允许增加建筑面积2平方米，并且增加的建筑面积总计不得超过核定总建筑面积（建设用地面积乘以核定建筑容积率）的5%。同时，在拆迁量较大的旧城改造地区，基本建筑容积率的增幅最高不得大于1.0。
哈尔滨	《哈尔滨市建筑容积率及相关问题管理暂行规定》：公建或住宅建设项目中，为城市提供公共空间及公益设施的建设项目可适当增加容积率。为城市提供常年开放，面积不小于150平方米的供市民自由使用的广场、绿地，并负责开放空间日常维修管理或承担日常维护管理费用的，每提供1平方米开放空间，根据开放空间地区控制容积率核定允许其增加建筑面积数量；额外为城市提供公益设施（公共厕所、文化活动场所及警务室、未成年人活动室、老年活动室等），并供公众无偿使用的，每提供1平方米使用面积，允许增加建筑面积6平方米；建设项目为保护建筑提供观赏空间或维护资金的，每提供1平方开放空间，允许增加建筑面积6平方米；修缮国家、省、市级保护建筑的，可以其修缮工程费用的2倍，按项目的楼面地价折算成容积率予以奖励。

城市（地区）	具体内容
陕西	《陕西省城市规划管理技术规定》：城市各类建筑的建筑密度、容积率上限按相关规定进行控制，但只要满足日照间距、绿地率和停车位等的要求，经审批后可以突破容积率控制指标。
江苏	《江苏省城市规划管理技术规定》中关于容积率奖励的规定为：建筑容积率小于 2 时，每提供 1 平方米有效面积的开放空间，允许增加 1.5 平方米的建筑面积；大于等于 2 且小于 4 时，每提供 1 平方米有效面积的开放空间，允许增加 2 平方米的建筑面积；大于等于 4 且小于 6 时，每提供 1 平方米有效面积的开放空间，允许增加 2.5 平方米的建筑面积；大于等于 6 时，每提供 1 平方米有效面积的开放空间，允许增加 3 平方米的建筑面积。
湖北	《湖北省控制性详细规划编制技术规定》中有关容积率的奖励与补偿应符合以下要求：同类使用性质的相邻地块，因成片开发的需要，经城市规划行政主管部门同意后，原规划所规定的容积率和建筑密度可互相转让，但不得改变其平均容积率和建筑密度；对于提供某些公益性项目的，其地块容积率允许提高 0.2～0.5；提供底层或平台作为公共空间的，在建筑密度不变，不影响周围建筑日照间距及后退距离规定的前提下，其容积率允许适当提高，具体提高值由当地城市规划行政主管部门确定。

资料来源：笔者整理

近年来，面对新形势下规划价值取向的转变和开发建设中存在的实际问题，国内许多城市对于开发强度的控制方式已从最初的"刚性"转向"弹性"控制，这其中最早的是在深圳开展的城市密度分区控制实践，之后，上海、北京、广州等城市也在实践中总结出了具有一定适宜性的指标控制方法，并制定出了相关的技术管理规定（表 2-3）。

国内部分地区控规开发强度的控制实践　　　　　　　　　　表 2-3

地　区	控制方法	主要内容
广州	规划管理单元	规划管理单元采取"整体计划发展"的办法，放宽传统密度限制条例的硬性规定，将一个规划单元通过分析论证，划分为若干分区，引入分区平衡法，在单元内的用地主导性质、建设总量确定的情况下，不强行固定各分区的建设性质和建设强度（有特殊功能和景观要求的除外），以鼓励整体的、有条件的大规模发展。只规定整个单元的相关用地强度指标，有利于规划行政管理的灵活性与权威性，如严格控制总建筑面积，实际是控制综合容积率，规划管理单元内的部分地块容积率可适当提高，但其他地块必须相应降低，这是一个协调过程，最终保证总建筑面积不突破总指标。
深圳	弹性控制	法定图则的建立虽然强化了规划的法制化和规定性，但其编制基础也是有一定弹性的，如重要的容积率指标的确定依据是《深圳市城市规划标准与准则》的容积率指标区间。同时，在法定图则编制技术的修订过程中也做了有益的尝试，改变通则式的统一编制模式，制订开放性的编制技术结构，针对不同地区的特点和管理要求，如基本建成区、新发展地区和生态保护地区，制订不同的编制内容和法定重点，考虑地区建设需求，编制刚性与弹性相结合的控制指标体系。基本建成区由于涉及更多的现状利益关系，规划以"刚性"控制为主，编制深度较为细致严格；新发展地区由于面临更多的不确定性，规划留有较大弹性，提供多种选择机会。另外，对于市政基础设施、文化教育用地等公益性用地，强化对用地性质的控制，对开发强度可不作硬性规定；商业开发用地，则对开发强度严格控制，但对土地的利用性质可留有一定调整余地。
深圳	密度分区	探讨多层次控制城市密度的技术方法——《深圳经济特区密度分区研究》的主要思路以当时深圳最新的建筑普查数据和规划成果为基础，采用了理论研究和案例比较研究结合、规范分析和实证分析结合等研究方法，通过解析特区密度分布现状来确定密度影响因素，在确定特区适宜的密度总量的基础上，利用 GIS 技术和数理统计方法建立密度分配的模型，并提出从宏观、中观到微观分配的密度控制原则和方法。由于定量化、分层次的密度分配工作方法整合了各种密度影响条件，能够促进密度总体控制目标由上至下的层层衔接和落实，可成为各层次规划编制中有关密度确定的重要依据。

续表

地　区	控制方法	主要内容
北京	分层级编制	针对以往控规编制和管理存在的问题，北京市对新城控规提出了"两个层级、三位一体"的整体改革思路。为适应土地一级开发（政府主导）和土地二级开发（市场主导）建设模式的变化，增强控规的适应性，将新城控规分为"街区层面—地块层面"两个编制层级。从规划成果的形式上看，分为新城控制性详细规划（街区层面）、街区控规深化方案和拟实施区域地块控规三个层次，分区、分步、有重点地分解落实新城规划确定的功能定位、建设总量和三大公共设施安排等规划内容，为新城规划管理和各项建设提供基本依据。
北京	弹性控制	将建设用地基本指标划分为强制性指标、限制性指标和指导性指标。其中，地块控规中确定的容积率属于强制性指标，即属于不得调整的指标。同时，技术规定还确定了建设用地的基准容积率，属于指导性指标，这一基准容积率是规划编制和规划管理技术论证和规划研究的参考依据。地块控规确定的容积率是图则内容之一，属于图则管理的范畴。基准容积率是指导编制地块控规、确定地块容积率指标的基础依据，是依据街区控规进行开发建设规划论证和规划管理的参考指标，它设立了一个基准，一个尺度，它属于规则管理的范畴。正是在这一规则下，使得地块控规确定的地块容积率更具有权威性，使得依据街区控规进行开发建设规划论证和规划管理更能有的放矢。这样，强制性指标与指导性指标相配合，图则管理与规则管理相结合，共同组成一个体系，使容积率指标的控制刚柔相济，既增强了针对性、灵活性，又维护了严肃性。
上海	控制性编制单元	上海控制性编制单元规划的探索和实践——适应特大城市规划管理需要的一种新途径。依据分区规划确定的规划原则和结合行政单元。市政社会服务设施网络合理划分规划单元，按编制单元进一步分解人口与建筑的控制总量，确定土地使用性质、建筑总量、建筑密度和高度、公共绿地、主要市政基础设施和公用设施等内容，作为编制控制性详细规划的强制性要求以及城市设计、规划策略等指导性原则，指导控制性详细规划的编制。

资料来源：笔者整理

2.2.2　国内关于容积率指标确定方法的研究现状

自 20 世纪 80 年代我国开始进行控制性详细规划编制工作以来，容积率研究就受到规划界的关注，相关的研究成果也层出不穷，特别是对于容积率指标确定方法的研究。宋军（1991 年）归纳了容积率的四种确定方法：环境容量推算法、人口推算法、典型试验法、经验推算法。梁鹤年（1993 年）认为，"容积率的确定要考虑城市的合理规模、基础设施的投资和布局、土地的适用性以及土地市场等问题"，将西方国家的容积率的定量方法归纳为根据市场供求状况谈判和借鉴已有经验两种，并认为根据我国的国情应将人口密度作为主要控制指标，容积率只能作为辅助指标。何强为（1996 年）从容积率的内涵分析入手，归纳了影响容积率指标的制约因素，认为"容积率是由经济、环境等因素共同决定的，反映土地使用质量和效益的强度指标"。以上是对容积率指标确定方法在早期进行的一些探索，到目前为止，国内对容积率指标确定方法的相关研究主要集中在以下几个方面：

（1）基于投入产出分析的容积率预测模型

投入产出分析是研究经济系统各个部分间表现为投入与产出相互依存关系的经济数量方法。自国有土地有偿使用以来，我国的土地出让制度逐渐形成了"招拍挂"式的市场化机制，但对于部分中小城市的旧城改造来说，大多数的建设用地还是以协议形式为主，如此一来，土地出让价格比较低，而容积率往往又很高，对投入产出缺少经济测算，不利于形成房地产公平竞争的市场条件。因此，加强开发过程中一定容积率条件下的投入产出分析既可以保证政府必要的收益，减少损失，也能兼顾投资开发者的经济利益，保护开发建设的积极性（王国恩等，1995 年）。在这一背景下，相关研究一般都以投入产出理论为依据，提出旧城区改造容积率测算的模型，从定量的角度分析容积率和利润率之间的关系。

对于基于投入产出分析的容积率预测模型的研究，最早可见王国恩等（1995 年）通过在南宁市现状建筑调查与分析的基础上对旧城改造过程中投入与产出的分析，探讨容积率的测算方法，并建立容积率、城市土地出让价格、房地产开发利润等因素之间的数学关系。李文胜等（2003 年）通过对牙克石市旧区改造开发投入、产出结果的分析，探讨容积率的测算方法，并建立容积率、城市土地出让价格、房地产开发利润等因素之间的数学关系。谢宏坤等（2008 年）探讨了一条由宏观到微观、由总体到局部分层控制容积率，并通过局部修正确定旧居住区容积率的途径。刘贵文等（2010 年）在阐述容积率相关概念的基础上，根据投入产出理论，提出了旧城改造容积率测算模型，分析了容积率与利润率之间的具体关系。最后，以重庆市某旧城改造地块为例，规划对其容积率进行了重新测算，提出了相关规划改造方案。同时，建议在实际规划中结合旧城改造地块的现状，从经济效益、环境效益和空间形态等多方面考虑，分析各方之间的关系和结合点，实现规划容积率控制的刚性和弹性的结合，以保障土地的集约化利用，从而实现旧城改造的质量和效率双目标。这种由宏观出发控制的地块基础容积率，通过政府调控与市场调节相结合的办法进行修正后，既能保证城市的整体利益，又能兼顾开发商的利润，在中小城镇旧城居住区改造更新中非常有意义。但由于旧城居住区条件相对复杂，包括地块大小、地块位置、交通条件、设施水平、现状建成环境、拆迁安置成本等差别很大以及开发的时机、政策的调整、空间景观要求及其他不可预见因素，会出现部分地段之间的开发效益悬殊的情况。

（2）基于项目开发的最优容积率确定方法研究

在实际的项目（特别是住宅）的开发中，容积率是一项重要的控制指标，因为对于一块将要开发的土地来说，开发强度是它的核心效益属性所在。从开发商的角度来看，利益最大化是他们的经营目的，所以往往会在有限的土地面积上开发出更多的住宅量，但在其他条件不变的情况下，消费者对高容积率住宅区的支付意愿通常是降低的，支付意愿的降低又会反过来影响到开发商的收益。因此，如何在二者间取得一个平衡，即能够实现土地开发收益和社会支付意愿"双赢"的最优容积率是其研究的重点，主要包括容积率和房价的关系（杨华等，2010 年），既定地价水平下确定容积率的方法（赵守谅，2004 年），容积率对地价的影响（郑云有等，2002 年；冷炳荣等，2010 年），最佳容积率的经济学分析（刘琳等，2001 年；赵延军，2008 年）等。

赵延军（2008 年）在研究中为求取开发项目的最佳容积率，采用指标分析法分析了容积率变化对房地产特征指标变化的影响，同时运用因素分析法分析了房地产特征指标对利润的影响；在此基础上，应用目标规划法和数理统计法的原理，提出了求取最佳容积率的两种重要方法，即公式法和曲线拟合法；通过实例，分析了最佳容积率的生成过程，并验证了最佳容积率求取方法的有效性。苏海龙等（2010 年）为确定宅基地置换住区的容积率，从容积率的经济内涵和环境内涵入手，结合我国当前居住市场的特征和地块的环境约束要求，建立了具有普遍意义的容积率定量模型，其出发点是保证住户群体得到最大化收益。模型采用了居民净收益函数和问卷调查两种方法来实现量化求解。该模型在上海市奉贤区青村镇进行了规划实践应用，通过跟进的实施效果调查，得到了较高的满意度。冷炳荣等（2010 年）从中国转型期近 30 年来的经济发展、制度变迁、城市化进程加快的角度，探讨符合中国实际的容积率与地价关系的理论，得出中国城市容积率与地价的关系是呈现倒"U"字形的顶点持续外移关系，以该理论为基础，结合兰州市进行实证研究，得出的结论是：①以近 30 年来的高层建筑统计和空间分布来看，商业和居住高层建筑较为集中，属于相互促进建筑开发高度化的状态，结果表明兰州市空间垂直利用加大明显；②以指数回归模型模拟了兰州市商业、居住用地的容积率与地价的关系。

（3）借鉴新技术和数学模型对容积率的量化计算

随着计算机信息和系统仿真技术的发展，一些基于计算机算法和系统动力学的容积率定量计算方法在近年来也被普遍采用。宋小冬等（2004 年）提出了仿生学人工智能计算方法产生最大包络体的技术路线，并对这一技术路线进行了初步验证，认为这种方法可用于制订合理建筑容积率的前期估算，同时又采用了遗传算法的方式，在基地内、外均存在日照约束的条件下，对地块的最大容积率进行了计算（宋小冬等，2010 年）。张方等（2008 年）提出了使用 Hopfield 网络求解的方法建立最大容积率的数学模型，因为该方法是估算最大容积率，只需求得最大容积率的近似值，所以研究没有直接从比较困难的体积入手，而是把问题转化成较好研究的侧面积。另一方面，研究注意到了每个窗口在每个遮挡条上存在一条临界线，使问题进一步得到简化，最后建立了最大容积率的数学模型。但是，相应的规划问题规模极大，用传统方法解决十分困难。为求解这个数学规划问题，研究使用了 Hopfield 网络，具体而言，首先根据问题建立了 Hopfield 网络的能量函数，接着推导出了它的连接权重与门限，利用 Hopfield 网络能量函数随迭代次数下降的特点，解出了这个大规模规划问题，从而完整地解决了估算最大容积率的问题。Zhen-Dong Cu（2006 年）等以上海为例，利用自适应神经模糊系统（ANFIS）对容积率从工程环境容量的角度进行了量化研究。李成刚（2011 年）等为了提高住区规划设计阶段日照分析的效率，提出了改进的日照圆锥解析法，即从日照圆锥曲面方程出发，通过对日照圆锥曲面与建筑物遮挡面相交情况的分析，建立了被测点遮挡时间的数学模型，进而计算被测点的有效日照时间。算例表明，该算法在住区规划设计阶段日照分析中较某些商用软件具有更高的效率，并且其精确度满足规划设计阶段的要求。

（4）开发强度指标的临界值和值域化研究

在"容积率"一词出现的早期就有学者曾指出，容积率是一个"相对指标"，因此有一定的"弹性"，是可以"谈判"的，容积率的上限取决于环境质量的起码要求，而其下限取决于开发者所能承受的最高楼面地价（邹德慈，1994 年）。近年来，业内针对这种"动态"的容积率指标确定方法也展开了大量研究。

咸宝林等提出了一种确定容积率的综合模型，包括经济容积率、极限容积率、政策容积率、合理容积率、标准容积率等，以目标和问题为导向，探讨了从经济、环境、空间形态等多角度确定容积率的综合模型和具体的方法（咸宝林等，2008 年）；王阳（2010 年）通过总结、分析国内外相关理论，针对我国现状土地使用强度控制需求以及控制方法的不足，基于生长型规划布局理论，提出了"总量与横纵向综合土地使用强度控制体系"，并以此对安康市进行了总规层面的实证研究；陈科等从控制论出发，建立起了对基于道路交通的建设项目开发强度临界控制系统的整体认识，指出了开发强度临界控制的程序、原则和方式（陈科等，2010 年）；黄明华等提出了城市经营性用地容积率"值域化"控制的基本思路和方法（黄明华等，2010 年）。

此外，在城市整体密度分区的基础上，通过对容积率指标进行逐层分解来解决不同层面中城市开发强度指标的取值范围的确定问题，也是目前实践中普遍采用的一种方式。唐子来等（2003年）讨论了城市密度分区的微观经济学理论和国内外的城市密度分区实践，并以深圳经济特区作为案例，提出了城市密度分区的方法体系，包括宏观、中观和微观三个层面的策略：在宏观层面上，确定城市开发总量和城市整体密度；在中观层面上，建立城市密度分区的基准模型和修正模型，进行各类主要用地的密度分配；在微观层面上，以街坊作为容量控制单元，制定地块密度细分的原则。郑晓伟（2009年）以小城镇为例，结合我国小城镇的发展特点，在宏观层面制定了效率原则下的城区开发强度分布以及相应的控制指标，同时在微观层面以城市空间管治理念下的现状建成环境政策分区为依据，制定了旧城区不同政策分区内的开发强度控制指标，由此共同构成了适应小城镇特点的规划开发控制体系。

2.2.3 国内目前对容积率指标体系确定方法研究存在的问题

通过前文的分析，笔者总结，国内目前对以容积率为核心的开发强度指标体系的研究主要存在以下问题：

（1）"单向"研究视角和"综合"约束效应的矛盾

城市最大的节约来自规划的节约，在项目设计规划方案之前，甚至是在土地批租之前就能够预测出地块开发的合理容积率，可以避免许多矛盾和损失。但往往在现实城市规划（主要指控规）实施的过程中，以容积率为代表的开发强度指标与实际开发相差太远而导致的指标调整、修改时有发生，究其原因，主要是研究视角的"单向"所造成的。从目前的研究情况来看，虽然针对开发强度指标的制定方法多种多样，但往往都是从一个固定的视角出发对容积率指标进行测算，其中最主要的就是基于经济视角的指标计算。实质上，对于容积率来讲，并不仅仅体现在经济效益上，而是一种经济、社会和环境综合约束下的平衡：其经济性体现在政府和开发商对土地的经济收益上；其社会性体现在地块能容纳人口的能力上；其环境性体现在最基本的日照要求和人的基本舒适程度上（鲍振洪等，2010年）。随着转型期城市规划价值取向的转变，其作为"公共政策"的属性越来越强，这就说明代表"公共政策"的社会性和环境性影响在容积率指标制定的过程中应当发挥主要作用，而不是单纯从经济上进行投入产出分析，这就要求在容积率指标的确定过程中更多地去考虑与"公共政策"，也就是城市中与"公共利益"有关的影响要素，才能更好地在城市开发控制层面去体现城市规划价值取向这一新的转变。

（2）"静态"变量选择和"动态"社会发展的矛盾

地块的不同容积率有着不同的产出效益，目前采用较多的经济测算法就是根据土地、房屋搬迁、建设等的价格和费用的市场信息，在对开发项目进行成本效益分析的基础上，确定一个合适的容积率，使开发商能获得合适的利润回报，保证项目的顺利实施。这种方式固然能够确保实现土地经济效益的最佳开发状态，但问题在于，由于市场的不确定性，所有的经济数据指标都处于变化之中（例如地价、房价、税收、利润率等），因此这种静态的匡算方法只可能对于短期或者即将开发的地块比较适用，从长期来看必定难以适应房地产市场的动态需求变化，导致结果往往不准确，并且单一、静态的容积率指标虽然能够代表土地开发的最佳收益，但是在市场经济条件下，城市发展的不确定性会时有发生，这种容积率单一值面对实际建设中不同利益主体、不同经济实力及不同使用需求的市场开发必然无所适从。所以，不论是从代表"效率"的经济角度出发还是从代表"公平"的社会角度出发，容积率指标的制定都不能简单地套用当前的经济指标进行测算，更不能以一个单一的静态值来进行控制，而是应当结合城市社会经济发展体现出一种同步适应性的变化形式，才能够更好地适应处于不断变化中的城市土地市场的弹性需求。

（3）"感性"经验判断和"理性"数学逻辑的矛盾

由于目前我国对于控规编制过程中容积率指标的确定方法还没有形成一套完整的技术标准，因此在实践中往往多以形态模拟的感性方式来"反推"容积率指标。这种做法虽然能够通过直观的形式使抽象的数字转变为具体的空间形态，但从本身来看，容积率指标作为一种典型的量化指标，必然会与其影响因素存在着一定的数学逻辑关系，而这种逻辑关系不仅可以体现出各影响因素对容积率指标的约束作用的程度，而且也能够使容积率指标从真正意义上体现出科学性的特征。事实上，目前普遍采用的基于经济视角的容积率估算方式就是建构了容积率指标与其经济变量（例如地价、房价、税收、各种成本等）之间的数学关系，但正如前文所言，随着城市规划价值取向的转变，城市规划，特别是开发控制中的"社会公平"作用将会越来越明显。因此，如果能够通过一定的数学方式建立容积率与其"社会性"影响因素之间的数学逻辑关系，那么不仅可以进一步体现容积率指标为一种强制性指标的科学性，更重要的是建立了容积率指标与其社会性影响因素之间的数学逻辑关系，确保了城市规划着重"公平"、保障公共利益的另一价值属性。

2.3　本章小结

本章首先对国外关于土地开发控制体系及容积率指标的制定方法现状进行了综述，结果发现，在西方，早期以容积率为核心的开发强度控制主要应用于对旧城区进行日常的建设管理。20世纪中期，西方发达国家进入城镇化后期以后，容积率指标才开始被引入开发强度控制中，它被视为在快速的、难以预料的社会和经济变化中对现状旧城区进行保护的最好方式（John M. Levy）。虽然各国的土地产权制度、城市结构形态、城镇化水平有所不同，各国的开发强度控制方法也因此存在一定差异，但均以控制指标为主要控制手段，所以西方各国的容积率控制主要应用于旧城区，这与快速城镇化背景下的我国容积率控制的现实状况具有很大差异，但在理念和方法上其容积率控制通过"博弈"的方式实现经济效益与社会效益的平衡，采用"谈判"、"个案审批"、"值域化"来增强指标落实所需的弹性等，对我国的控规容积率方法研究具有重要参鉴意义。

我国以控制性详细规划为核心的开发控制体系规划产生于市场经济的背景下，在城市开发建设的过程中起到了一定的积极作用。但随着经济体制的转轨，尤其是新形势下城市规划价值取向的转变，现行的控规不论从编制过程还是从实施管理过程来看，已经不能适应快速发展的市场经济需求，特别是以容积率为代表的开发强度指标的确定方法存在较大的问题，集中表现在"单向"研究视角和"综合"约束效应的矛盾、"静态"变量选择和"动态"社会发展的矛盾、"感性"经验判断和"理性"数学逻辑的矛盾三个方面。本书研究的重点——对于城市新建居住用地容积率"值域化"的控制方式正是对上述问题的解决在技术上的一种尝试性探讨。

3　城市新建居住用地容积率"公共利益"影响因子选择

3.1　基于"公共利益"的城市居住用地容积率"值域化"控制的可行性理论基础分析

3.1.1　广义的公共利益界定

广义的公共利益来源于福利经济学。福利经济学是研究社会经济福利的一种经济学理论体系，它是由英国经济学家霍布斯和庇古（Arthur Cecil Pigou）于 20 世纪 20 年代创立的。庇古是资产阶级福利经济学体系的创立者，他把福利经济学的对象规定为对增进世界或一个国家经济福利的研究。庇古认为福利是对享受或满足的心理反应，福利有社会福利和经济福利之分，福利中只有能够用货币衡量的部分才是经济福利。庇古根据边际效用基数论提出两个基本的福利命题：国民收入总量愈大，社会经济福利就愈大；国民收入分配愈是均等化，社会经济福利就愈大。他认为，经济福利在相当大的程度上取决于国民收入的数量和国民收入在社会成员之间的分配情况。因此，要增加经济福利，在生产方面必须增大国民收入总量，在分配方面必须消除国民收入分配的不均等。

根据上文所述，按照福利经济学的观点，只要城市总的社会财富增长，公共利益就能够得到增加和改善。随着城市经济发展水平的提高和城市土地资源的日益紧张，为了体现土地的集约化发展，城市开发越来越向着高密度、高容积率的趋势发展，这就导致在现实中城市的开发往往会带来负的外部性[●]，例如建筑交通拥堵、日照问题、噪声问题、采光问题、停车问题、公共设施配套不足等。在规划控制层面，为了减小负外部性的影响，往往会对城市土地开发过程中的容积率指标进行限高控制，即制定地块的最大容积率（Maximum FAR）。尽管如此，根据上一章节中 Tatsuhito（2010 年）等人的研究，对最大容积率进行控制仍然不能作为一种最为有效的减少城市外部性的方式。这是因为容积率只是间接地对市场开发起到了控制作用，而这种间接的控制总是会带来所谓的无谓损失（deadweight looses，市场扭曲引起的总剩余减少），因为在容积率指标控制下产生的土地或房屋租金必然与市场均衡状态下建筑总量开发的边际成本不同，即使容积率指标是最合理的。

　　[●]　外部性又称为溢出效应、外部影响或外差效应，指一个人或一群人的行动和决策使另一个人或一群人受损或受益的情况。经济外部性是经济主体（包括厂商或个人）的经济活动对他人和社会造成的非市场化的影响，即社会成员（包括组织和个人）从事经济活动时其成本与后果不完全由该行为人承担，分为正外部性（positive externality）和负外部性（negative externality）。正外部性是某个经济行为个体的活动使他人或社会受益，而受益者无须花费代价，负外部性是某个经济行为个体的活动使他人或社会受损，而造成外部不经济的人却没有为此承担成本。

综上所述，从庇古提出的福利经济学的角度来看，只有在市场均衡状态下的容积率（Market-equipment FAR）控制才是能够使社会福利，也就是公共利益达到最大的控制方式，而现有的仅对容积率上限值（Maximum FAR）的控制虽然在一定程度上降低了各种外部性的影响，但其带来的无谓损失破坏了市场均衡，这可能会带来总的社会福利的下降，从而对公共利益造成一定的影响。因此，有必要对容积率指标进行"限低"，即在上限值控制的基础上还要进行容积率的下限值（Minimum FAR）控制。

3.1.2 狭义的公共利益界定

公共利益，从字面上理解，可称之为公共的利益，简称公益。虽然自古以来国家的形式变化多样，对国家存在的理由也有不同的解释，但是，毫无疑义，公共利益是国家存在的正当性理由。行政法是调整政府与人民的关系的一部法律，而其中公共利益的概念是界定政府行为必要性的主要界限，其与经营性、商业性之利益的区别就在于"非营利性"。虽然经营性、商业性项目往往也承载着一定的公共利益，但是它们仍然是以经济利润最大化为最终目标的，故而如果在规划层面通过有效的控制方法和控制手段实现市场开发和公共利益的平衡，将可能同时实现广义和狭义两个层面的公共利益。

从特征上看，第一，公共利益具有"公共性"。较私人利益而言，公共利益首先是一种公众利益，受益主体具有普遍性或不特定性的显著特点，同时，这种利益的实现主要依赖以政府为代表的公共选择机制，一般难以通过市场等私人选择机制来实现。第二，具有合理性。由于一种公共利益的实现经常是以其他公共利益和私人利益的减损作为代价的，因此立法机关在界定公共利益时就应当遵循合理性原则（或者比例性原则），对局部公共利益与整体公共利益、短期公共利益与长期公共利益加以权衡，对可能减损的私人利益与可能增长的公共利益加以权衡，对实现公共利益的不同方式加以权衡，通过这些权衡起到最大限度地避免因小失大的作用。第三，具有正当性。公共利益的界定事关广泛的公众利益，立法机关，尤其是地方立法机关和行政机关应当广泛听取、充分尊重公众意见，保证公共利益的界定基于广泛的民意之上。第四，体现公平性。公共利益是一种公众利益，如果以减损少数人的私人利益却又不给予必要补偿的方式来增进公共利益，就会有违正义和公平。这种补偿应当是一种得失相当的公平补偿和合理补偿，而不能只是象征性的"适当补偿"或者弹性很大的"相应补偿"。

从城市规划角度来讲，不难发现，不论是国家层面的法规、规范，还是地方层面的城市规划管理技术规定，都对在城市土地开发和建设过程中的公共利益作出了明确的要求，具体而言，就体现在各类控制指标上，特别是与开发利益直接相关的容积率指标。对于任何一个经营性土地地块的开发，除了要保障最基本的开发利润以外，更重要的是通过指标控制满足地块开发的"公平"性要求。尤其对于城市居住用地来讲，由于其直接关系到城市居民最根本的利益诉求，那么在其建设过程中必然要在各类设施（例如停车、绿化、日照等）的配套上满足国家规范和标准的要求，故而狭义的公共利益就是指在以居住用地为代表的城市土地开发控制的过程中，各类建筑开发的总容量必须满足国家公益性公共设施标准和技术规范的最低要求。

3.1.3 城市开发控制过程中容积率"值域化"控制的必要性

根据前文的分析结果，既然要在理论层面实现对城市新建居住用地容积率的"值域化"控制,那么容积率的下限值(Minimum FAR)控制主要是为了满足广义层面的公共利益,从而在一定程度上避免由于无谓损失的增加而导致社会总福利的减少;而容积率的上限值(Maximum FAR)主要满足的是狭义层面的公共利益,即城市各类开发的总容量必须满足国家公益性公共设施标准和技术规范的最低要求。因此,同时对容积率的上下限进行控制,即对容积率进行"值域化"控制既满足了城市最基层单元(例如社区)的市民生活保障和对公益性公共设施的需求,同时又可避免由于单纯对容积率的上限值进行控制而带来的净损失对整个社会福利的影响,从而对宏观层面的城市的公共利益造成损害。所以,同时对容积率进行"限高"与"限低"的"值域化"控制有可能成为一种最有效的土地开发控制政策。对容积率"限高"主要是为了满足狭义层面的公共利益,而对容积率进行"限低"主要是为了满足理论上广义层面的公共利益(即经济福利和社会福利的最大化)。

3.2　影响居住用地容积率指标的公共利益因子的选择

由于容积率指标是城市土地开发综合效益的一种体现,因此影响城市容积率大小的因素就必然包括经济、社会、生态环境等多方面,而这其中又以居住用地对容积率指标的变化最为敏感。但根据前文所述,国内现有研究主要是针对容积率的"效率"性因子所展开而(例如开发强度分区、土地投入产出计算、利润分析约束等),而对于"公平"层面,即公共利益层面的影响因子选择的研究关注较少。实质上,在居住用地开发控制层面能够代表公共利益的影响因素以体现"规范性、强制性"为主,包括日照、绿化、停车位、公共设施规模等,但对于居住用地来讲,有些因子的作用更加明显,并且该类型因子控制与约束的目的与代表"效率"的因子例如区位、交通、地价、房价等完全不同。那么,要确定以"公共利益"为导向的居住组团层面城市新建居住用地容积率"值域化"控制方法,首先应当对最能集中体现和代表居住组团层面居住用地"公共利益"的影响因子进行筛选,筛选的原则为既要确保代表公共利益的因子之间没有信息的重叠,又要确保各因子能够以量化的方式与城市居住用地容积率指标建立数学函数关系。只有满足以上条件,城市新建居住用地容积率"值域化"模型才能通过一定的技术手段来构建。

根据《城市居住区规划设计规范》GB 50180—93(2002年版),居住区按居住户数或人口规模可分为居住区、小区、组团三级。其中,城市居住区一般称居住区,泛指不同居住人口规模的居住生活聚居地,特指城市干道或自然分界线所围合,并与居住人口规模(30000~50000人)相对应,配建有一整套较完善的、能满足该区居民物质与文化生活所需的公共服务设施的居住生活聚居地。居住小区一般称小区,是指被城市道路或自然分界线所围合,并与居住人口规模(10000~15000人)相对应,配建有一套能满足该区居民基本的物质与文化生活所需的公共服务设施的居住生活聚居地。居住组团一般称组团,指一般被小区道路分隔,并与居住人口规模(1000~3000人)相对应,配建有居民所需的基层公共服务设施的居住生活聚居地。

通过上述定义可以看出,城市居住区内各层级的居住单元除了在规模上有所不同以外,更重要的是公共服务设施的配套内容和配套标准存在着较大的差异,见表3-1。

居住用地内公共服务设施分级配建表　　　　表 3-1

类别	项目	居住区	小 区	组 团
教育	托儿所	—	▲	△
	幼儿园	—	▲	—
	小学	—	▲	—
	中学	▲	—	—
医疗卫生	医院（200～300 床）	▲	—	—
	门诊所	▲	—	—
	卫生站	—	▲	—
	护理院	△	—	—
文化体育	文化活动中心（含青少年活动中心、老年活动中心）	▲	—	—
	文化活动站（含青少年、老年活动站）	—	▲	—
	居民运动场、馆	△	—	—
	居民健身设施（含老年户外活动场地）	—	▲	△
商业服务	综合食品店	▲	▲	—
	综合百货店	▲	▲	—
	餐饮	▲	▲	—
	中西药店	▲	△	—
	书店	▲	△	—
	市场	▲	△	—
	便民店	—	—	▲
	其他第三产业设施	▲	▲	—
金融邮电	银行	△	—	—
	储蓄所	—	▲	—
	电信支局	△	—	—
	邮电所	—	▲	—
社区服务	社区服务中心（含老年人服务中心）	—	▲	—
	养老院	△	—	—
	托老所	—	△	—
	残疾人托养所	△	—	—
	治安联防站	—	—	▲
	居（里）委会（社区用房）	—	—	▲
	物业管理	—	▲	—
市政公用	供热站或热交换站	△	△	△
	变电室	—	▲	△
	开闭所	▲	—	—
	路灯配电室	—	▲	—
	燃气调压站	△	△	—
	高压水泵房	—	—	△
	公共厕所	▲	▲	△
	垃圾转运站	△	△	—
	垃圾收集点	—	—	▲

续表

类别	项 目	居住区	小 区	组 团
市政公用	居民存车处	—	—	▲
	居民停车场、库	△	△	△
	公交始末站	△	△	—
	消防站	△		
	燃料供应站	△	△	
行政管理及其他	街道办事处	▲		
	市政管理机构（所）	▲	—	—
	派出所	▲		
	其他管理用房	▲	△	
	防空地下室	△②	△②	△②

注：1. ▲为应配建的项目；△为宜设置的项目。
2. 在国家确定的一、二类人防重点城市，应按人防有关规定配建防空地下室。

资料来源：《城市居住区规划设计规范》GB 50180—93

从表 3-1 可以看出，在一个完整的城市居住区范围内，需要一定的占地面积而且必须要进行配备的大量公共设施（例如行政管理、教育、医疗、体育、文化卫生、市政公用等设施）主要集中在居住区和居住小区层面，而在居住组团层面虽然也必须配备相应的公共服务设施，例如便民店、物业管理等，但相比较之下，这些设施规模小，不需要独立占地，所以对整个居住组团的容积率影响较小，甚至可以忽略不计。

与此同时，《城市居住区规划设计规范》GB 50180—93（2002 年版）中对影响居住空间环境的各项因子指标都做了明确的限定，概括起来主要包括日照标准（日照间距系数）、公共服务设施（公共服务设施的千人指标）、绿化标准（绿地率和人均公共绿地面积）、停车位设置（停车率）四项影响因子，并且所有的影响因子都有明确的量化指标对其进行约束和限定，这就为本研究通过量化建模的手段构建相关公共利益因子与居住用地容积率的约束关系提供了数学上的可行性前提。但是，通过前文的分析，公共服务设施对居住组团层面居住用地容积率的影响非常小，其影响作用应该更多地体现在居住区和居住小区层面。因此，本研究不将公共服务设施作为影响因子之一，即最终确定居住组团层面影响城市新建居住用地容积率的 "公共利益" 因子包括日照间距系数、绿化指标、停车率三项。在后文中，研究将分别将上述三项 "公共利益" 影响因子及其约束条件作为自变量，将居住用地容积率指标作为因变量，通过数学建模的方式构建城市新建居住用地容积率 "值域化" 约束模型，探讨各类 "公共利益" 影响因子与其作用下的居住用地容积率指标之间的关系。

3.3　西安市新建居住用地整体层面的现状分析

3.3.1　西安概况

西安，古称 "长安"、"京兆"，是世界四大文明古都之一，居中国四大古都之首，是中国历史上建都时间最长、建都朝代最多、影响力最大的都城，是著名的古都型旅游胜地，自古有 "八水绕长安" 之美称。西安是中华民族的摇篮、中华文明的发祥地、中华文化的代表区域之一，同时也是副省级城市，陕西省省会，国家重要的知识技术创新中心，新欧亚大陆桥中国段和黄河中上游地区的中心城市，全中国大飞机的制造基地，中西部地区最大最重要的科研、高等教育、国防科技工业和高新技术产业基地。根据 2011 年国务院颁布的《全国主体功能区规划》，西安是中国惟一一个被定位为"历史文化基地"的城市。

　　西安是发展迅速、产业兴旺的城市。近年来，特别是西部大开发战略实施以来，西安的发展不断加快，城市面貌正在发生日新月异的变化，经济社会进入了加速发展、加速提升的新阶段。经济增长连续多年保持了 10% 及以上的速度，综合实力明显增强。经过多年发展，西安目前已建成了以机械设备、交通运输、电子信息、航空航天、生物医药、食品饮料、石油化工为主的门类齐全的工业体系，培育了高新技术产业、装备制造业、旅游产业、现代服务业、文化产业等五大主导产业，形成了高新技术产业开发区、经济技术开发区、曲江新区、浐灞生态区、阎良国家航空高新技术产业基地、西安国家民用航天产业基地、国际港务区、沣渭新区八大发展平台，高新区已被国务院确定为六个创建世界一流科技园区的开发区之一，经济技术开发区全力打造泾渭工业园千亿元制造业基地，曲江新区是两个国家级文化产业示范区之一，浐灞生态区成功举办了 2011 年世界园艺博览会。这些开发区（基地）是西安主导产业的集聚地、引领全市经济发展的增长极和现代化城市建设的示范区。

3.3.2 西安市城市总体规划概况及实施评价

　　西安市是全国第一批重点发展城市，以城市总体规划为核心的城乡规划体系一直受到党中央和国务院的高度重视。从 1953 年第一轮总体规划的编制工作开始，到目前为止，一共经历了半个多世纪（图 3-1～图 3-3），最新一轮的城市总体规划是在西安历次总体规划的基础上进行的第四次总体规划修编，为贯彻国家关于西部大开发的战略决策，实现 21 世纪初西安市经济社会的发展目标，依据《中华人民共和国城乡规划法》等相关法律、法规制定了第四轮西安市城市总体规划。

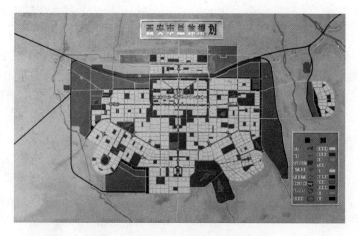

图 3-1　第一版西安市城市总体规划
资料来源：西安市规划局

　　第四轮总体规划在性质上将西安定位为：西安是世界著名古都，历史文化名城，国家

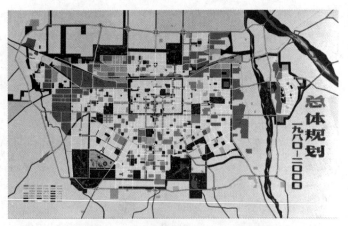

图 3-2　第二版西安市城市总体规划
资料来源：西安市规划局

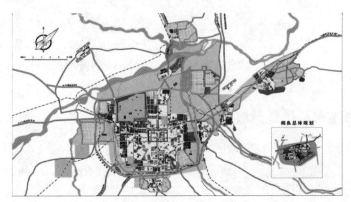

图 3-3　第三版西安市城市总体规划
资料来源：西安市规划局

高教、科研、国防科技工业基地，中国西部重要的中心城市，陕西省省会，并将逐步建设成为具有历史文化特色的国际性现代化大城市。主城区总人口：2003 年为 451.4 万人，其中户籍人口为 394.1 万人；2020 年总人口规模控制在 600 万人左右，年均增长率控制在 1.7％以内，其中户籍人口为 470 万人左右，居住半年以上的外来人口约 130 万人。主城区 2003 年城市建设用地为 405 平方公里，2020 年规划建设用地为 600 平方公里。

　　未来的西安城市在布局结构上将形成大小两套"九宫格"的格局模式，在市区层面，形成"九宫格局，棋盘路网，轴线突出，一城多心"的结构形态（图 3-4）。在用地布局上，规划市区布局以主城区为中心，以交通轴为导向，以功能区为实体，以生态林带为间隔，在外围发展三个新城，范围为北至泾渭，南到长安，东接临潼，西连咸阳，东北方向辐射阎良。同时，主城区将形成虚实相当的小九宫格局，中心为唐长安城，发展成商贸旅游服务区；东部依托现状，发展成国防军工产业区；东南部结合曲江新城和杜陵保护区，发展成旅游生态度假区；南部为文教科研区；西南部拓展成高新技术产业区；西部发展成居住和无污染产业的综合新区；西北部为汉城遗址保护区；北部形成装备制造业区；东北部结合浐灞河道整治形成高尚居住、旅游生态区（图 3-5）。

　　自从 2009 年国务院批准实施西安市总体规划以来，西安市的城市发展与建设进入了

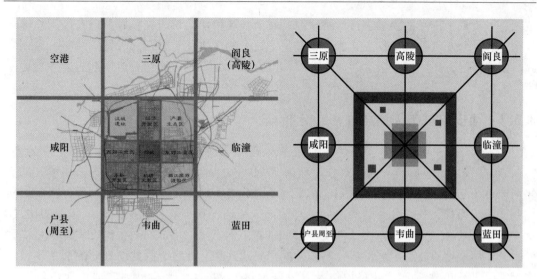

图 3-4 第四版西安市城市总体规划两个层面的"九宫格"空间结构
资料来源：西安市城市规划设计研究院，西安市规划局

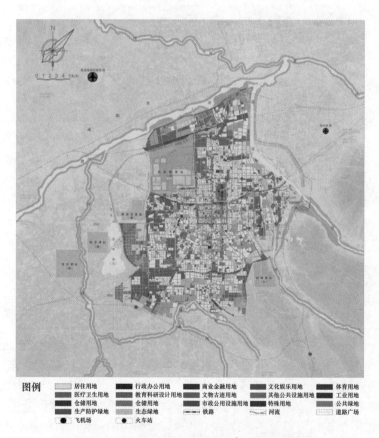

图 3-5 第四版西安市城市总体规划用地布局
资料来源：西安市城市规划设计研究院，西安市规划局

一个新的阶段，而现行的总体规划在其中起到了积极的推进作用。各项强制性内容与指标（包括建设用地指标、基础设施和公共服务设施的控制指标、生命工程指标）都基本能够

按照总体规划中提出的要求进行严格控制，规划绩效和社会效应也较好。但在该版总体规划批复后，西安市的城市发展和建设又发生了较大的变化，例如西部大开发战略的深入实施、西咸新区、国际港务区、渭河治理等，也为未来城市的发展和总体规划的适应性提出了新的挑战。

3.3.3　西安市城市新建居住用地分布概况

按照新一轮的城市总体规划，未来主城区规划居住用地总面积为 174.62 平方公里，占规划总用地的 29.10％，人均居住用地为 29.10 平方米。在用地布局上完善建成区的居住用地布局结构，在六村堡、纪阳、新筑、泾渭、高新、鱼化等地规划配套设施完备的居住社区，与郭杜、长安区及其周边居住片区形成交通便捷、工作便利、环境优美的格局。从空间分布来看（图 3-6），由于西安中心城区基本上已经发展成熟，很难有大规模可供开发的居住用地地块，也无法形成公共设施配套成熟的独立社区，因此新规划的居住用地基本上都位于城市外围（二环路周边及其外围地区），并且受周边已建成地块建筑的影响较小。

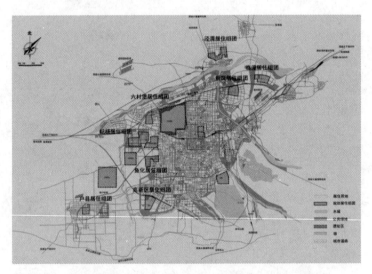

图 3-6　第四版西安市城市总体规划居住用地规划布局

资料来源：西安市城市规划设计研究院，西安市规划局

3.3.4　西安市新建居住用地典型样本选取及初始容积率指标分析

针对西安市城市新建居住用地的开发建设现状，结合前文所讲城市新建居住用地容积率"值域化"控制的方法与技术思路，本次研究首先选取了 2009～2011 年之间由西安市规划局审批通过的三环路范围内 100 个居住用地作为研究备选样本（报建项目，见附录），进而按照居住组团的用地规模筛选确定出 36 个最终居住用地样本作为研究地块❶，地块内部不存在规模较大的公共服务设施，对各居住用地样本的地块面积、总建筑面积、容积

---

❶　为了确保地块的面积范围在居住组团层面保持一定的弹性，结合西安市目前的实际情况，研究对选取组团层面西安市城市新建居住用地样本的用地范围进行了适当的延伸，即 2～10 公顷范围内。

率、居住户数、居住人口、建筑密度、建筑平均层高、绿地率、停车位等指标信息的统计如表 3-2、表 3-3 所示。

西安市新建居住用地样本现状指标信息统计　　　　表 3-2

编号	居住用地样本	用地面积（hm²）	总建筑面积（m²）	容积率	建筑密度（%）	平均层数	总户数（户）	总人口（人）	绿地率（%）	停车位（个）
1	样本1	2.50	66611.0	2.50	30.9	8.1	462	1478	41.2	60
2	样本2	3.33	3805.8	3.60	34.3	10.5	40	128	30.0	314
3	样本3	3.34	135425.0	4.05	18.3	22.1	1214	3885	40.0	611
4	样本4	4.68	213429.0	3.50	21.0	16.7	1536	4915	35.5	826
5	样本5	2.27	94874.0	3.81	34.1	11.2	1004	3213	39.0	281
6	样本6	2.01	79898.0	3.98	25.8	15.4	554	1777	45.0	289
7	样本7	5.33	118797.0	3.50	26.0	13.5	1050	3360	31.5	293
8	样本8	4.16	219525.0	4.90	20.4	24.0	1836	5508	38.0	1368
9	样本9	9.07	275387.0	2.50	13.0	19.2	2984	9549	53.0	718
10	样本10	7.72	27681.2	3.07	26.0	11.8	300	960	34.0	76
11	样本11	2.00	84450.0	4.25	26.7	15.9	836	2675	38.5	447
12	样本12	4.29	246425.0	4.93	26.4	18.7	2437	7798	35.5	1115
13	样本13	3.85	110395.0	2.87	18.6	15.5	1081	3459	44.6	564
14	样本14	3.35	112222.0	3.35	26.2	12.8	1115	3345	38.0	438
15	样本15	3.30	188855.0	5.06	33.5	15.1	1573	4719	30.5	1268
16	样本16	2.71	84125.0	3.50	17.3	20.2	882	2822	40.0	308
17	样本17	9.50	232255.0	2.40	18.5	13.0	2168	6938	38.6	1626
18	样本18	3.16	113540.0	3.59	20.4	17.6	1040	3328	38.2	482
19	样本19	3.55	169035.0	4.76	19.5	24.4	1700	5440	40.8	862
20	样本20	4.32	230140.0	5.30	30.4	17.4	2300	7360	38.5	1611
21	样本21	3.72	144500.0	3.90	32.6	12.0	1354	4333	38.0	12
22	样本22	2.47	153900.0	6.23	23.8	26.2	1230	3936	38.5	943
23	样本23	6.71	232578.0	3.50	23.3	15.0	1816	5805	38.6	1527
24	样本24	3.97	239837.0	5.30	25.6	20.7	1628	5698	38.0	1084
25	样本25	3.88	103904.0	2.52	25.1	10.0	1094	3501	34.1	130
26	样本26	4.42	265000.0	6.00	26.0	23.1	2780	8896	38.0	1782
27	样本27	3.53	85083.0	2.57	18.6	13.8	788	2522	34.0	741
28	样本28	3.02	268735.0	7.59	32.2	23.6	2700	8640	30.0	1201
29	样本29	2.93	85011.0	2.90	24.2	12.0	641	1923	40.1	430
30	样本30	9.50	232255.0	2.40	18.5	13.0	2212	7078	38.6	1626
31	样本31	4.48	293190.0	6.76	32.4	20.9	2470	7904	28.7	1388
32	样本32	8.87	507170.0	5.72	36.1	15.8	5067	16214	32.6	2695
33	样本33	5.65	269876.0	4.48	17.5	25.6	2339	7485	39.0	1350
34	样本34	3.53	170775.0	4.84	19.2	25.2	1635	5232	39.6	817
35	样本35	2.71	58100.0	3.38	16.4	20.6	612	1958	35.0	469
36	样本36	2.00	84450.0	4.25	26.7	15.9	712	2136	38.5	447

资料来源：西安市规划局

西安市新建居住用地样本现状指标平均值统计　　　　表 3-3

	地块面积 (hm²)	容积率	建筑密度 (%)	平均层数 (层)	户均建筑面积 (m²)	人均建筑面积 (m²)	绿地率 (%)	停车率 (个/户)
平均值	4.33	4.1	24.6	17.1	110.5	33.4	36.7	0.55

资料来源：笔者整理

从表 3-3 可以看出，目前西安市的新建居住用地平均容积率水平达到 4.1，平均建筑层数在 17 层以上，这就说明了受到区位、地价、税收等多方面的综合影响，在目前的城市开发建设过程中（特别是对于大城市而言），对于居住用地来讲，基本上都以高密度的开发状态为主，随着我国城市建设用地资源的不断减少，这种高密度的集约化土地利用方式及其开发状态必然将成为居住用地建设的主导。但高密度的开发必定会对居民的整体公共利益造成影响，因此如何通过以容积率指标为核心的控制手段在二者之间取得平衡是本研究的重点关注所在。

户均住宅建筑面积，是指居住用地内住宅总建筑面积和户数的比值。按照住房与城乡建设部"全面小康社会"的生活改善程度标准，同时根据国际经验，考虑住房功能适度改善的技术性要求等，我国城镇住房定量的理想化目标应为：到"十二五"期末，城镇户均建筑面积 80 平方米，2020 年户均 90 平方米。因此，户均 90 平方米的标准，一方面可以满足现代都市生活的基本需求，另一方面，也将家庭性别、代际等因素考虑进来，既提高了住宅空间的物理属性，同时也提高了对居民生活的人文关怀程度。由于由国务院办公厅转发的建设部、发展改革委、监察部、财政部、国土资源部、人民银行、税务总局、统计局、银监会《关于调整住房供应结构稳定住房价格的意见》（俗称"国六条"）中明确指出：自 2006 年 6 月 1 日起，凡新审批、新开工的商品住房建设，套型建筑面积 90 平方米以下住房（含经济适用住房）面积所占比重，必须达到开发建设总面积的 70% 以上，故而未来的城市住宅户均建筑面积将会呈现紧凑化、小型化、集约化的发展趋势。从西安市目前户均 110.5 平方米的整体水平来看，仍然处于比较高的水平，故而未来该指标应该是以逐渐降低为主。

最后，从新建居住用地样本的现状停车率指标来看，0.55 个/户的停车率标准虽然能够完全满足《城市居住区规划设计规范》GB 50180—93（2002 年版）中规定的居民汽车停车率不应小于 10% 的要求，但与目前国内各大城市普遍采用的至少 1 个/户的标准仍然存在一定的差距，并且也与陕西省住房与城乡建设厅颁布实施的《陕西省城市规划管理技术规定》中规定的全省范围内新建居住用地的机动车停车率指标为 0.8 个/100m² 建筑面积存在差距，这也是目前西安市新建居住小区中存在"停车难"问题的根本原因之一。同时，随着我国城市居民未来汽车保有量的进一步增加，对于居住用地内的停车率的控制要求只可能出现增加的可能，而不可能降低。因此，对于后文中西安市基于停车率约束的居住用地容积率"值域化"模型的建构就不能以目前的水平为参考依据，而应当至少以《陕西省城市规划管理技术规定》中规定的停车率指标作为标准。

3.4　本章小结

本章首先从福利经济学理论的角度出发，提出了城市土地开发过程中对容积率指标进行"值域化"控制的必要性，即容积率的下限值（Minimum FAR）主要用于满足广义层面的公共利益，在一定程度上避免由于无谓损失的增加而导致社会总福利的减少，而上限值（Maximum FAR）主要满足的是狭义层面的公共利益，使各类开发建设的总容量满足国家公益性公共设施标准和技术规范的最低要求。因此，对于经营性的城市土地来说，特别是对于与容积率指标关联性最强的城市居住用地来讲，开发建设过程中的容积率"值域化"控制将会成为一种同时确保土地开发效率和保障城市居民公共利益的"双赢"政策。

在对城市新建居住用地容积率"值域化"控制的必要性进行论证后，研究对影响居住用地容积率的"公益性"因子进行了筛选，使经过筛选后的影响因子最能够代表和体现居住组团层面居住用地开发建设的整体公共利益，体现出定性分析与定量技术相结合、客观经验与主观判断相结合、人文导向与数学逻辑相结合的特点。最后，对研究所选取的案例城市——西安市的城市整体开发建设概况进行了分析，并对后文中用于验证居住用地容积率"值域化"约束模型的西安市新建居住用地样本的现状指标体系进行了统计分析，统计分析的结果将作为后文模型建构阶段的前提和基础。

4 日照条件下城市新建居住用地容积率约束模型建构

随着近年来城镇化的快速发展，城市人口数量的不断增加导致土地资源供需关系越来越紧张，因此，城市中的住宅建筑不断向高层化、高密度化的方向发展，居住用地内的容积率、建筑高度指标也在不断增加。但是，对建筑间距的控制一直以来都没有科学的、行之有效的方法，这可能会导致住宅建筑前后之间存在一定的遮挡，进而引发住宅建筑采光、通风、能耗等方面一系列的问题，而在这其中，"阳光权"问题是重中之重。

阳光是生命之源，日照与人类的健康密切相关，射入居室内的阳光可以调节室内温度，杀死室内细菌，增加居住的舒适性等。因此，建筑日照的权利历来都受到各国法律或法规的约束与保护。联合国及一些发达国家均已制定了相关的法规条例，将"日照权"作为一种基本人权及公民权加以保障。根据联合国世界卫生组织（WHO）的规定，居民住宅内每天至少应享有 3 小时的日照。在我国，《中华人民共和国民法通则》第八十三条明确规定，不动产的相邻各方，应当按照有利生产、方便生活、团结互助、公平合理的精神，正确地处理城市中的用水、排水、通行、通风、采光等方面的相邻关系，给相邻方造成妨碍的，应当停止侵害、排除妨碍、赔偿损失。《中华人民共和国物权法》第八十九条规定，建造建筑物，不得违反国家有关工程建设的标准，妨碍相邻建筑物的通风、采光和日照。以上两部法律都属于民事基本法律，也是保障居民日照权益最基本的法律依据，足见"日照权"在城市居民日常生活中的重要性。

对于一个健康的城市居住生活空间来说，阳光、水、空气、绿化是必不可少的，但是，如果没有阳光，在居住环境内的空气就不能很好地流通，各类植物也无法健康生长，水体环境也不能够得到净化。因此，不论是对于城市中建筑物的室内环境还是城市外部空间环境来说，如果缺乏行之有效的开发控制手段对日照进行综合考虑，将会大大降低城市的生活品质，同时对城市居民的身心健康也会造成较大的影响。针对这一问题，近年来我国对于城市建设项目的规划审批已经将建筑日照分析作为一项重要内容纳入到了审批程序之中，现行的《城市居住区规划设计规范》GB 50180—93（2002 年版）就明确提出针对不同的建筑气候分区采取不同的日照时数标准。其他，例如上海市为了解决在城市开发建设过程中不断出现的日照纠纷问题，最早于 2005 年出台了《日照分析规划管理暂行规定》，该规定通过对拟建建筑的高度、宽度、与相邻地块的间距、角度、相邻地块的密度等环境、空间要素的综合分析，即"三维五度"方法来保障城市的建筑合理布局，从而保证相邻地块之间住宅建筑的日照、采光、通风等。随后，北京、武汉、厦门等地相继制定了一系列的地方规定或技术标准，结合当地的自然气候条件，明确规定了城市新建住宅建筑的日照标准和建筑间距要求，并在建设项目规划审批过程中引入规划咨询服务的方式，委托具有相应资质的技术部门，用计算机模拟计算建筑日照的方法来检验规划方案，或者直接在规划审批单位成立相应的日照分析技术部门，通过对拟建住宅项目的日照影响分析提供权威的日照分析报告，例如西安市规划局下属的西安市城市规划信息中心。

在确定日照间距的过程中引入相应的技术分析手段以及建筑日照规划管理过程中的制度创新方式，不仅减少了城市住宅因为"阳光权"问题所引发的矛盾，而且在很大程度上对住宅区内小气候环境的改善、规划编制和规划管理的相互整合起到了积极的作用。然而日照条件的改善往往是通过调整住宅之间的间距来实现的，并且住宅间距的改变将会直接影响到居住用地的容积率指标，建筑间距增大，则容积率降低，建筑间距减小，则容积率升高。此外，由于日照间距系数不可能无限增大或者无限减小，因此，日照条件约束下的居住用地容积率指标也会相应地存在一个极限数值（在这里主要指上限值）。本章研究的重点内容就在于探讨日照条件下城市新建居住用地容积率约束模型建构及其应用问题。

4.1　建筑日照的发展历程及日照分析技术的发展趋势

阳光直接照射到物体表面的现象，称为日照；阳光直接照射到建筑地段、建筑物围护结构表面和房间内部的现象，称为建筑日照（卜毅，1988年）。在人类生存的地球表面，任何一个地点的昼夜交替、四季变化都是由于地球自转及其围绕太阳所做的公转运动所引起的。因此，任何与日照相关的技术规定都是根据日照的变化规律来制定的，而日照的变化规律又与地球与太阳之间的相对运动规律有关，由此观测计算不同纬度地平面上的太阳高度角、方位角的变化，进而在特定时间段测算太阳高度角、方位角相应的值。

4.1.1　我国关于日照间距系数的制定与发展过程

众所周知，新中国在1950年代经历了全面学习苏联模式的过程，在城市规划和建筑法规方面也不例外，建筑法规中的日照标准就来源于苏联建筑标准（田峰，2004年）。当时制定日照标准考虑的因素主要是卫生方面以及精神心理方面，主要是一个基于卫生的标准，因为从当时来看，社会经济体制处于计划经济时期，并没有市场方面的过多影响。

由于年代久远和资料匮乏，当时的苏联标准不得而知，而新中国的日照标准如何制定也无从考究。因此，当时标准的制定者们大多是根据城市居住区多层住宅的实际建设情况，根据冬至日日照不少于1小时的时间标准和各地的地理纬度而确定了我国各地的日照间距标准，并且一直沿用至今，具体阶段划分如下：

（1）空白阶段

在1987年《民用建筑设计通则》JGJ 37—87制定之前，国内现行的各类规范尚未有明确的日照标准。现实的情况是，我国在1949年后很长的一段时间内一直没有正式的日照标准，更没有对相关日照约束下的容积率指标的探讨，这种情况一直持续到1987年《民用建筑设计通则》JGJ 37—87的颁布实施才告结束。

（2）第一次制定

1987年10月1日开始试行的《民用建筑设计通则》JGJ 37—87中明确规定（第3.1.3条 日照标准）：住宅应每户至少有1个居室、宿舍每层至少有半数以上的居室能获得冬至日满窗日照不少于1小时。该条日照标准是由中国城市规划设计研究院、北京市规划局、卫生部等有关部门联合研究制定的。1986年，北京市规划局在对北京居住区实际情况和北京地理气象情况进行研究后提交了《北京市现状居住区建筑日照的分析和研究》

报告，卫生部有关部门进行了太阳光杀菌等生理试验验证卫生标准，这些研究为科学地制定日照标准提供了准确的依据。

（3）第一次修订

在 1994 年 2 月 1 日实行的《城市居住区规划设计规范》GB 50180—93 第 5.0.2 条中明确规定：住宅日照标准应符合表 5.0.2-1（表 4-1）的规定；旧区改造可酌情降低，但不宜低于大寒日日照 1 小时的标准。

住宅建筑日照标准 　　　　　　　　　　　　　　　　　　　　　　表 4-1

建筑气候区划	Ⅰ、Ⅱ、Ⅲ、Ⅶ气候区		Ⅳ气候区		Ⅴ、Ⅵ气候区
	大城市	中小城市	大城市	中小城市	
日照标准日	大寒日				冬至日
日照时数（h）	≥2	≥3			≥1
有效日照时间带（h）	8～16				9～15
日照时间计算起点	底层窗台面（据室内地坪 0.9m 高的外墙位置）				

资料来源：《城市居住区规划设计规范》GB 50180—93 第 5.0.2 条

在这次修订的日照规范中明确地提出了决定居住区住宅建筑日照标准的主要因素：一是城市所处地理纬度及其对应的气候特征，二是城市规模。因此，该规范中日照标准的确定，以综合考虑地理纬度决定的建筑气候区划（图 4-1）和城市规模两大因素为基础，考虑到全国各地的实际情况与城市规模大小引起相关变化的可能性，以分地区、分标准为基本原则，同时，在建筑日照标准的计量办法和技术上也提高了相应的科学性、合理性。

图 4-1　中国建筑气候区划图

资料来源：《城市居住区规划设计规范》GB 50180—93（2002 年版）

这个规范较原有标准《民用建筑设计通则》JGJ 37—87 也有了有三点改进之处（田

峰，2004 年）：

其一，改变过去全国各地完全以冬至日为日照标准日的方式，采用了冬至日与大寒日两级标准日。根据后期研究，从实施情况和实施效果来看，全国绝大多数地区的大、中、小城市均未达到"冬至日住宅底层日照不少于 1 小时"这个硬性标准，因而，无法以冬至日为标准日，而只能采用相对宽松的第二档次，即大寒日为标准日来进行计算。据此，修订后的规范采用冬至日和大寒日两级标准。事实上，世界上许多国家也都按其国情采用不同的日照标准日，所以，采用冬至日与大寒日两级标准日，既从我国的实际国情出发，也符合国际通用惯例。

其二，随着日照标准日的改变，有效日照时间带也由冬至日的 9 时至 15 时一档，相应增加了大寒日的 8 时至 16 时一档，有效日照时间带根据日照强度与日照环境效果而确定。实际的观察表明，在同样的环境下大寒日上午 8 时的阳光强度和环境效果与冬至日上午 9 时基本接近。故而凡以大寒日为日照标准日，有效日照时间带均采用 8 时至 16 时；而以冬至日为标准日，有效日照时间带均为 9 时至 15 时。

其三，改变过去的统一日照间距系数法，即改变过去不同朝向的住宅均采用与南向住宅相同的日照间距系数（实际所获日照标准不同）的传统方法，采用以日照时数为标准，按不同方位和朝向布置的住宅折算成不同日照间距系数的办法，该方法既合理可行，又有利于促进住宅建筑布置的多样化。

（4）第二次修订

从 2002 年 4 月 1 日起实施的《城市居住区规划设计规范》GB 50180—93（2002 年版）❶ 中，把前文中提到的 5.0.2.1 条款作为强制性条文，严格执行。

综上所述，国内关于建筑日照规定的发展历程总体上经历了从简单粗放型的间距系数控制到精确计算窗户日照时间的控制的发展过程，这是日照分析在技术上的一大进步。从 1940 年代起日照分析所采用的棒影图和日影图等手工制图分析方法，难以应对复杂的地块和建筑内外部环境，并且计算结果相对耗费时间。同时，由于我国的建筑法规没有对绘制等时日影线提出明确要求，所以我国建筑设计人员与规划人员较少绘制，再加上缺少精确而快捷的计算手段，当时的城市规划管理部门普遍采用日照间距系数来审核设计方案。

4.1.2 我国现行规范中对于日照间距的规定

（1）《城市居住区规划设计规范》GB 50180—93（2002 年版）

5.0.2 住宅间距，应以满足日照要求为基础，综合考虑采光、通风、消防、防震、管线埋设、避免视线干扰等要求确定。

5.0.2.1 住宅日照标准应符合表 5.0.2-1 的规定；旧区改造可酌情降低，但不宜大于太寒日日照 1 小时的标准。

（2）《民用建筑设计通则》JGJ 37—87

第 3.1.3 条日照标准

一、住宅应每户至少有一个居室、宿舍应每层至少有半数以上的居室能获得冬至日满

---

❶ 在后文中，除特殊说明外，所有提及的《城市居住区规划设计规范》均指 2002 修订版的《城市居住区规划设计规范》GB 50180—93。

窗日照不少于 1 小时。

二、托儿所、幼儿园和老年人、残疾人专用住宅的主要居室，医院、疗养院至少有半数以上的病房和疗养室，应能获得冬至日满窗日照不少于 3 小时。

（3）《住宅建筑设计规范》GB 50096—1999

5.1　日照、天然采光、自然通风

5.1.1　每套住宅至少应有一个居住空间能获得日照，当一套住宅中居住空间总数超过四个时，其中宜有两个获得日照。

5.1.2　获得日照要求的居住空间，其日照标准应符合现行国家标准《城市居住区规划设计规范》GB 50180—93 中关于住宅建筑日照标准的规定。

4.1.3　现行日照影响下建筑间距确定方法存在的问题及其发展趋势

通过上文分析可知，若要满足国家规定的建筑日照要求，住宅高度 H_0 和住宅之间的距离 D 是影响日照的两个决定性因素，故而日照间距系数 α 就与这两个因素有关，即（图 4-2）：

$$\alpha = D/H_0 \tag{4-1}$$

公式（4-1）表示的日照间距系数前提在于建筑均为正南北向布置，当建筑的布局发生一定角度的扭转时，其日照间距系数 α 的计算式为：

$$\alpha = \cot\beta \times \cos r \tag{4-2}$$

其中 β 表示太阳高度角，对于地球上的某个地点，太阳高度角是指太阳光的入射方向和地平面之间的夹角，专业上讲，太阳高度角是指某地太阳光线与该地垂直于地心的地表切线的夹角。r 表示建筑纵轴法线与光线水平投影的夹角，即太阳方位角，指太阳光线在地平面上的投影与当地子午线的夹角，可近似地看作是竖立在地面上的直线在阳光下的阴影与正南方的夹角。方位角以正南方向为零，向西逐渐变大，向东逐渐变小，直到在正北方合在 $\pm 180°$。如果是正南北朝向，则 $r = 0°$；而斜向行列式应看其建筑方位角的大小（建筑纵轴法线与正南向的夹角）决定 r 的值。

公式（4-1）与公式（4-2）是对日照间距系数在概念上的表述，由于各地区所处的纬度条件不同，因而日照间距系数也存在一定的差异，而关于

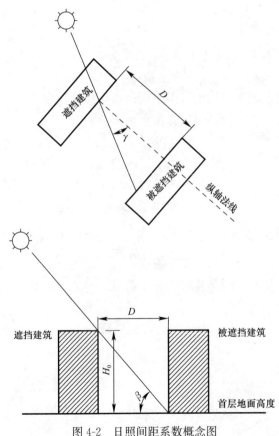

图 4-2　日照间距系数概念图

资料来源：林茂. 住宅建筑合理高密度的系统化研究——容积率与绿地量的综合平衡［J］. 新建筑，1988（4）：38-43.

日照间距系数的确定方法所存在的技术问题，目前研究成果较多（黄农等，2001 年；赵文凯，2002 年）。进一步通过分析可知，日照间距系数的两个决定条件（建筑间距和建筑高度）也都是影响居住用地容积率的主要因素，那么，日照间距系数必然也会对居住用地的容积率产生影响。对于日照间距系数与居住用地容积率的约束关系，最早可见林茂（1988）的相关研究，即从系统平衡的角度出发，通过数学建模的方式为板式住宅（包括直线型行列式布局、直线型交错式布局）、点式住宅、板点结合等不同建筑组合形态的居住用地建立了基于日照间距系数的最大容积率求解方法，从而在一定程度上解决了高密度状态下的住宅建筑布局优化问题。该方法的问题在于对居住用地内的建筑密度、建筑布局、建筑形式、建筑空间组合等要完全实现"理想化、均质化"作为研究基础，不能有任何的变化，但是这种假设的前提在现实中几乎不可能实现的。因此，面对多变复杂的基地开发建设条件，过多的理想和假设条件将会使研究成果的准确性大大降低。

正是由于上述问题的存在，在城市规划实施与管理过程中，因为没有合理的、统一的判定建筑日照时间和求解最大容积率的方法，使得主观因素对审批结果产生了很大的影响。因此，寻找一种规范的、没有争议的评判日照及其影响下的居住用地容积率计算方法成了必然要求。近年来，随着计算机技术的普及以及在城市规划中的广泛应用，针对居住区日照条件与容积率约束关系的研究更多地偏向于基于学科交叉的技术创新类探索，其中采用最多的就是引入遗传算法、仿生学人工智能计算法等计算日照约束条件下的最大容积率［宋小冬等，2004；宋小冬等，2009（a）；宋小冬等，2009（b）；宋小冬等，2010；成三彬，2011；段丁，2012］。其核心思路在于：首先根据用地周边条件（主要是日照间距要求）用计算机产生基地内可以布置建筑物的最大三维空间范围，以体积最大为计算目标，其结果称为最大包络体，在最大包络体内，根据相关经验考虑建筑布局，从而实现日照影响下的居住用地容积率最大值的估算（宋小冬等，2004）。该方法运用基于遗传算法仿生学的人工计算机智能计算法产生近似最优解，为计算机辅助日照条件约束下城市新建居住用地的容积率估算找出了一条大致可行的技术途径。因此，本章对于日照条件下城市新建居住用地容积率约束模型的建构在方法上正是基于遗传算法的计算机辅助设计。

4.2 基于遗传算法的日照条件影响下居住用地最大容积率计算方法

4.2.1 遗传算法在地块最大容积率计算中的应用

遗传算法（Genetic Algorithm）是模拟自然界生物遗传进化和自然选择理论的一种计算模型，该方法的研究兴起于 1980 年代末和 1990 年代初。因其简单、通用、快捷的特性，发展至今，已应用到多个相关领域，而在城市规划领域，目前则主要用于地块最大容积率的模拟。遗传算法是从代表问题可能潜在解集的一个种群（Population）开始的，而一个种群则是由经过基因（Gene）编码后的一定数目的个体（Individual）组成的，每一个个体实际上是染色体（Chromosome）带有特征的实体，染色体作为遗传物质的主要载体，即多个基因的集合，其内部表现（即基因型）是某种基因组合，它决定了个体形状的外部表现，如黑头发的特征是由染色体中控制这一特征的某种基因组合决定的。因此，在建筑日照分析中，所谓的个体就是指满足自身及周边建筑日照要求的建筑实体基本单元，每个建筑实体基本单元中都包含了满足日照要求的"基因"，不同的个体基本单元按照一定的规则进行组合就构成了不同的种群，这个"种群"实际上就是居住用地内的一种满足日照条件下的居住建筑空间组合方式，本研究的重点就在于借助遗传算法求解出在一定条件下居住用地内所能容纳的最大"种群"，即最大居住建筑总量，从而可以进一步求解出地块的容积率。

根据遗传法的计算方式，在计算工作一开始需要实现从表现型到基因型的映射，即编码工作。由于仿照基因编码的工作很复杂，往往需要进行简化，初代种群产生之后，按照适者生存和优胜劣汰的原理，逐代（Generation）演化产生出最优的近似解，在每一代，根据问题域中个体的适应度（Fitness）大小选择（Selection）个体，并借助于自然遗传学的遗传算子（Genetic Operators）进行组合交叉（Crossover）和变异（Mutation），产生出代表新解集的种群。这个过程将导致种群像自然进化一样的后生代种群比前代更加适应环境，末代种群中的最优个体经过解码（Decoding），可以作为问题近似最优解。也就是说，采用遗传法对日照条件约束下居住用地的最大容积率进行估算，不仅能够通过个体基因信息将无法满足日照条件的"种群"建筑实体排除在外，确保所有的"种群"都包含满足日照条件的基因信息，而且还能够通过优胜劣汰❶的法则使适合生存的"种群"建筑实体按照一定的限制条件进行遗传变异，直至产生最优的"种群"空间组合，这个限制条件往往就是假定的规划设计条件，例如对基地内住宅建筑密度为 $15\%\sim40\%$ 的限定。

综上所述，基于遗传法的居住用地最大容积率求解过程可以概括如下：

（1）数据初始化：设置遗传法遗传代数计数器（t）初值为 0，设置最大遗传代数为 T，随机产生 M 个个体作为初始群体 P（0）。

（2）个体生存适应度评价：根据相关的准则，计算遗传法产生的某一代群体 P（t）中每个个体的生存适应度，这个生存适应度即为是否满足地块内以及地块外围建筑之间的日照间距要求。

（3）选择运算：将遗传法选择算子作用于某一代群体。选择运算的目的是把优秀的个体（能够满足日照条件的所有个体）保存起来，直接复制到下一代或由配对交叉运算产生新的个体再遗传复制到下一代，对群体中个体的适应度的评估是选择运算的基础。

（4）交叉运算：将遗传法交叉算子作用于某一代群体。所谓交叉运算，就是指把两个父代个体的基因中的部分结构相互替换重组，再产生子代新个体的操作，其中交叉运算是遗传法中的核心部分。

（5）变异运算：将遗传法变异算子作用于某一代群体，即对父代群体中的部分个体

---

❶ 达尔文（Darwin）物种进化理论说明，除了优良物种的遗传是进化的原因以外，另外一个因素就是物种的变异。所谓变异，就是指一个个体或物种，为了能在自然选择中不被淘汰掉，就会努力地去增强自己对环境的适应能力，增大获胜的机会。当然，变异是双向性的，变异的结果也有可能是变得更加不适应生存环境，而这样的个体或种群则必然被淘汰，而有利的变异则在获胜以后传递给后代。在漫长的过程中，这种优良变异的逐步积累，使其从量变到质变，后代与旧物种之间的区别越来越大，最终就有了新物种的产生。在生物遗传过程中，染色体通过复制、交叉来传递组合成新的生物，优良基因与优良基因的组合最终形成更强的个体加入到下一步的进化与变异中，这种过程最终推动物种的进化与发展。

的某些基因位置上的值作变动，这样做的主要目的是增加种群个体的多样性，即确保各种居住建筑组合方式及其所对应的建筑密度区间在不突破假设区间的前提下进行变化。群体 $P(t)$ 中的个体在经过选择运算、交叉运算和变异运算后得到的个体集合就是下一代群体 $P(t1)$。

（6）终止条件判断：如果经运算后新产生的种群 $P(t)$ 满足遗传算法设置的终止条件（主要包括前文中限定的建筑高度不大于 100 米和地块面积在 4～6 公顷之间），则进化过程所有代中出现过的具有最大适应度的个体及其所对应的"种群"就是所要搜索的最优解，最优解生成后计算过程就会终止，那么，在此时所对应的最大包络体及其容积率就是日照条件约束下的最大容积率。

4.2.2　遗传算法求解居住用地最大容积率的计算机辅助预测

由于遗传操作的效果和三个基本遗传算子（Genetic Operator），即选择（Selection）、交叉（Crossover）、变异（Mutation）与所取的操作概率、编码方法、群体大小、初始群体以及适应度函数的设定密切相关，同时，算法过程包含了很多非线性、多模型、多目标的函数优化问题，如果对于各种各样的形式复杂的测试函数仍然采用复杂的人工数学建模，不仅耗费时间，而且计算过程复杂，因此需要由专业的数学建模软件（例如 Matlab）来实现。对于采用遗传算法对满足日照条件下居住用地最大容积率的计算来说，其不仅需要考虑采用一种较为便捷和容易的操作使用方式，更需要有一种能够普遍被接受的、大众化的视窗操作系统将复杂的数学算法转变为"黑箱式"的简易操作。从国内目前的实践来看，清华 CAAD 软件、众智日照 Sun 软件、天正 TSUN 软件、PKPM-SUNLIGHT 都实现了对采用遗传算法估算居住用地最大容积率的视窗化操作。在这其中，使用比较广泛的是由河南洛阳众智软件有限公司开发的 Sun 日照分析软件。

众智日照 Sun 的主要分析原理在于：分析生成指定地块（或建筑基底）在满足被遮挡建筑日照的条件下最大不能突破的"包络空间体（图 4-3）"。这个包络空间体就是前文中所叙述的某一代群体，根据前文的分析，满足日照标准条件的结果（群体）有很多，软件

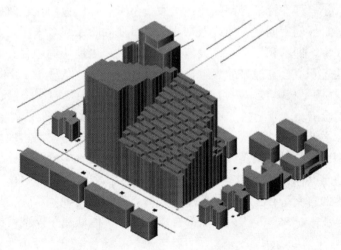

图 4-3　包络体计算概念示意图

资料来源：gisroad. com/news/show. aspx? id＝420&cid＝156[EB/OL].

会自动筛选几个最优方案以供选择。对分析出来的包络体方案，根据设置的建筑层高和建筑密度自动计算容积率，分析结果可汇总为直观的统计数据表格。因此，众智日照 Sun 软件不仅可以借助遗传算法模拟出城市居住用地的最大容积率，也可辅助提供日照规划设计条件，指导规划方案的初步设计。

需要说明的是，由于包络体推算使用的是基因遗传算法，其技术特点在于通过优化解的组合繁衍，不断地接近于最优解，虽然基因遗传算法本身也是一个随机算法，但是它比纯粹的随机算法能更快地接近于最优解，所以每次的推算结果都会有一定的差别。从理论上来讲，推算时间越长，越接近于最优解，当推算过程中很多代的结果都相差无几时，就可认为当前包络体体积最大的就是最优解，从而可以得到最优的地块容积率。虽然在实践中可能并不一定需要体积最大的包络体，而是可根据模拟出的建筑物的形状或建筑容积率来选择不同形状的包络体，但本文的研究重点就在于通过软件模拟寻找出在一定用地规模、建筑高度以及建筑密度范围内的最大包络体体积，从而推算出在日照条件约束下的居住用地最大容积率。

4.3 居住用地"日照间距系数—容积率（AF）"约束模型建构

4.3.1 模型假设

前文中曾经提及，目前国内对于日照分析软件的使用重点在于关注被研究的地块对周边地块现状或拟建居住建筑的影响，具体而言就是按照既定容积率建成后的居住建筑阴影使周边居住建筑有多少户的窗户无法满足大寒日 2 小时的日照标准，从而在此基础上对规划方案进行调整。基于遗传算法的包络体分析在技术上就是在周边地块内的居住建筑所有窗户都能满足大寒日 2 小时日照标准的临界状态下，经计算所形成的一种地块内最大"建筑"空间形态，进而推算出地块容积率的大小。由于本研究所关注的重点在于居住组团层面地块容积率的大小，即在标准模型的建构阶段，不考虑在周边地块建筑影响下的地块内部建筑相互之间的日照间距问题，如此根据一定的日照间距系数，采用上述方法就可以得出地块的最大容积率，即容积率存在最大值 F_{max}。反之，当地块周边存在建筑物时，受到日照的影响，地块容积率会在原来最大容积率的基础上降低，从理论上看，在极端状态下（地块周边的建筑在满足相关技术规范的基础上全部布满）地块容积率会存在相应的最大值 F'_{max}，并且必然会有 $F_{max} > F'_{max}$。因此，对于居住用地"日照间距系数—容积率（AF）"约束模型的建构，主要考虑理想状态下的容积率最大值，即不考虑周边地块影响下的容积率最大值。在模型验证阶段，则需要考虑具体居住用地周边现实的开发建设情况，即地块内部和周边居住建筑共同影响下的容积率最大值。同时，当"日照条件—容积率（AF）"约束模型定义域内的自变量存在具体的取值区间时，不论在何种状态下的城市新建居住用地"日照条件—容积率（AF）"约束模型都会成为一个"值域化"模型，即同时存在上限值与下限值。

（1）基地假设

理论上说，一块用地内的住宅建筑所产生的日照阴影可能会对基地北侧、东侧和西侧地块内的建筑产生影响，那么，在最极端状态下，满足日照要求的地块容积率最大值 $F'_{\max}$ 可能产生的情况是：基地北侧、东侧和西侧均有现状建筑，并且地块外的住宅建筑与地块内住宅建筑之间的距离为满足规范要求前提下的最小建筑间距。理想状态下地块容积率最大值 $F_{\max}$ 计算的假设前提为地块外围没有任何建筑，只需满足地块内部的日照间距系数即可。根据这一前提，研究假设地块大小为 6 公顷（取居住组团层面用地规模的上限值），并且组团地块周边都被小区级道路所分割（小区级道路路面宽度为 6～9 米，建筑控制线宽度为 14 米），由于本研究的前提假设是在模型阶段不考虑地块外围现有或已批住宅建筑的影响，故而在模型建构阶段只需考虑 $F_{\max}$ 的情况，而在模型验证阶段则需要根据具体选取的居住用地样本周边地块的实际开发建设情况对两个极限容积率（$F_{\max}$ 与 $F'_{\max}$）模型进行灵活选取。

（2）住宅层高

对于城市住宅来说，其高度计量除了用"米"，还可以用"层"来计算，每一层的高度在设计上有一定要求，称为层高。层高通常指下层地板面或楼板面到上层楼板面之间的距离。关于住宅层高的限定，《住宅建筑设计规范》GB 50096—2011 第 3.6.1 条明确规定：普通住宅层高宜为 2.80 米，故而本次研究考虑将住宅的层高 H 设为常数，即 $H=2.8$（米），同时限定总建筑高度不超过 100 米，那么住宅的平均层数最大值为 35 层。

（3）其他参数设置

除了对居住组团层面的地块规模和住宅层高进行限定外，根据众智日照分析软件的基础条件设置要求，还应包括城市、日期、开始太阳时、结束太阳时、分析采样间隔等参数的初始化设置（图 4-4），以上各项参数的设置主要依据《城市居住区规划设计规范》GB 50180—93（2002 年

图 4-4 日照分析软件参数设置界面示意图
资料来源：众智日照分析软件

版）中关于建筑日照标准的要求（表 4-1）。同时，为了与模型验证阶段的案例城市保持一致，本研究在模型建构阶段所选取的城市也是西安市，故而"日照间距系数—容积率（AF）"约束模型中的日照间距系数为西安市的日照间距系数，即 $\alpha=1.3$。

4.3.2 模型建立

在日照条件约束下求解组团层面居住用地内的最大容积率，即在不影响周围建筑物的日照情况下，地块内所能容纳的最大建筑空间，同时规定居住用地内的建筑只要满足相互之间的日照要求，并且满足这个所能容纳最大建筑的空间（包括最大用地规模、最大建筑高度）就能保证满足建筑日照需要。所以，在数学上看，上述问题是一个组合最优解的求解问题，而遗传算法在组合最优解的求解方面有着良好的性能与强大的计算优势，故而可以很好地对满足日照条件下的居住用地容积率最大值进行推演、模拟。

本研究的具体方法和求解技术过程在借鉴宋小冬（2004 年）、成三彬（2011 年）等人

研究成果的基础上，采用了如下思路：将组团层面的居住用地（6 公顷）按一定的规则划分成 n 个面积相等的正方形小方格（根据研究，假设 $n=600$，即正方形边长为 10 米×10 米），以每个正方形方格为底向上形成一个高度为 h 的长方体，根据前文的假设同样有 $h<100$。如果所有的小方格上的长方体高度 h 被确定的话，则整个居住组团用地上方的空间结构和空间高度也被确定。如果产生的正方体体积总和在满足日照约束条件下达到最大值，则这个最大值就是居住组团用地所能容纳的居住建筑最大空间，通常称为最大包络体。

如果地块外围存在可能产生日照影响的现状居住建筑，那么，设需要考虑的微环境中的窗台数目为 m 个，每个控制窗口 $Wind_i$ 必须满足的最小日照时间按最小连续日照时间分成若干段，段数用 Segment 表示，则第 i 个窗口的日照时间可以表示为：$WindTime = (Time_{i,0}, Time_{i,1}, \cdots\cdots, Time_{i,Segment-1})$。

在得到以上的时间段后，用这些时间段去横切居住用地内由小方格拉伸起来的立方体，切割的原则是立方体只要保留时间段以下的那部分就能保证该测试窗台在这几个日照时间段内能得到太阳的照射，也就是说，在该情况下能够满足预测窗台所要达到的最短日照时间要求。与此类似，其他测试窗台也采用相同的操作方法，所有的测试窗台都被随机划分为 Segment 个日照时间段，并且去掉在日照时间段内对窗台发生遮挡的立方体上部。在对所有的窗户都进行同样的操作以后，每个立方体的高度即被确定，形成一组所谓的基因组合，该组合经过解析产生一个与之惟一对应的染色体 Chr_H，这个染色体就是居住用地容积率最大值求解问题中的一个解。所有测试窗台的一个随机日照时间段组合是一个基因型的染色体 Chr_WT，这样的一个组合又对应着并且惟一对应着一个表现型的染色体 Chr_H。在已知基因型染色体 Chr_WT 的情况下，计算表现型染色体 Chr_H 的过程是一个从基因型到表现型映射的过程，通常也称为解码过程（decoding）。

4.3.3　初始包络群体的产生

假设以地块外围住宅建筑中的某个窗台为例，按照地方规定，如果最低日照时间为 2 小时，最小连续日照时间为 30 分钟，那么分成的时间段数 Segment=2。在已有建筑遮挡的前提下，有效日照的时间段为 8：00～10：40、13：00～16：00，只要在这个时间范围内的任意三个不重复的、时间长度为 20 分钟的日照时间段都能保证该测试窗台在这三个时间段内有日照，那么，该栋住宅建筑就必然满足日照标准规定的最低要求。同理，其他控制窗口的日照时间也可按此方法产生，这样一来，就能够得到所有 m 个窗台的日照时间段组，即一个记忆染色体 Chr_WT。

记忆染色体可以由基因型染色体 Chr_WT 经过解码操作得到一个表现型染色体，方法是首先将居住用地内划分的所有小方格都按实际情况拉伸到最大高度，再根据每个测试窗台随机选取的日照时间段所对应的日照面为参照，用这些日照面与各个立方体进行比较，对日照面下方的立方体进行保留，保留部分的高度则是立方体最终的最大高度，同时也就形成了该基因型所对应的表现型染色体，计算公式如下：

$$\frac{decoding}{Chr\_H} = (h_0, h_1, \cdots\cdots h_{n-1}) \tag{4-3}$$

在公式（4-3）中，$decoding$ 表示解码过程，Chr_H 表示表现型染色体，这样所形成的一组小方格高度的组合（h_0，h_1，……h_{n-1}）就是遗传算法搜索结果中的一个解，按上述方法产生适合计算的数目个体即形成了一个种群。

4.3.4 适应函数及遗传算子的设计

从上文的分析可以看出，遗传算法的技术核心是求解一个数据空间中最大值的问题，而且该最大值是一个三维空间内体积的最大值，这与本文研究的对象——居住用地的容积率最大值求解在数学上相一致。所以，可以简单地认为个体的适应度应该和这个个体所确定的居住组团内生成的立方体体积成正比。也就是说，这些小方格的体积和越大，那么这个个体的适应度就越高；反之，如果该个体确定的小方格体积和越小，则该个体适应度越低。因此，可以以小方格的体积和作为适应度计算函数，即：

$$population[i].m\_fitness = \sum_{j=0}^{n-1}(population[i].mChr\_H[J] \times area) \quad (4\text{-}4)$$

在公式（4-4）中，$population[i].m\_fitness$ 是指第 i 个种群的个体适应度；$area$ 是指居住组团内划分的小方格的面积，在本研究中有 $area = 100$ 平方米；Chr_H 是指表现型的染色体。

为了能够更加直观地表示适应性函数的算法过程，同时也为了避免在计算过程中可能出现的由于数据过大而发生的变量错误，可以以立方体的体积总和与居住组团内不考虑日照时的最大体积之比作为适应度函数，即：

$$
\begin{aligned}
population[i].m_{fitness} &= \frac{\sum_{j=0}^{n-1}(population[i].mChr\_H[J] \times area)}{maxCubage} \\
&= \frac{\sum_{j=0}^{n-1}(population[i].mChr\_H[J]) \times area}{\sum_{j=0}^{n-1}(h_{max}[J]) \times area} \\
&= \frac{\sum_{j=0}^{n-1}(population[i].mChr\_H[J])}{\sum_{j=0}^{n-1}(h_{max}[J])} \quad (4\text{-}5)
\end{aligned}
$$

在公式（4-5）中，$h_{max}[J]$ 表示居住组团内在不考虑日照情况下的第 j 个小方格的最大高度，所以每个个体的适应度的取值范围为（0，1），通常最优解的适应度也不会等于1。

对于遗传算子的设计来讲，本文借鉴的仍然是成三彬（2011年）的研究❶，即采用赌轮法的研究方法，即每个个体被选择进行遗传的概率与其适应度成正比，适应度越高，被选择的概率就越大，适应度越低，被选择的概率就越小。首先对第一代群体的总适应度进行计算：

$$sum\_fitness = \sum_{j=0}^{popsize-1} population[i].m\_fitness \quad (4\text{-}6)$$

同时，对某种群中个体 i 的选择概率 P_{si} 进行计算：

$$population[i].m_{P_s} = \frac{population[i].m\_fitness}{sum\_fitness} \quad (4\text{-}7)$$

那么，某种群中个体 i 的累计选择概率 Q_s 的计算公式为：

$$population[i].mQ_s = \sum_{j=0}^{i} population[i].m_{P_s} \quad (4\text{-}8)$$

让轮盘转动 $size$ 次，然后每次都可按下面的方法选取个体来组成新的一代种群：

（1）随机产生一个在浮点数 r，且 r 在区间 [0，1] 内；

---

❶ 事实上，本文所采用的众智日照软件对日照条件约束下城市新建居用地最大容积率的求解在原理、方法、技术和数学计算过程上与该研究完全相同。

（2）如果 $r \leqslant population[0].mQ_s$，则选择种群中的第一个染色体，否则，选择使 $population[i]-1.mQ_s < r \leqslant population[i].mQ_s$ 成立的个体 i，其中 $1 \leqslant i < size$。

在上述公式中，概率 P_s 是单个个体的适应度占整个种群中所有个体适应度之和的比例。该个体的适应度越大，则被选择进行遗传的概率就越高，该个体的适应度越小，则被选择进行遗传的概率就越低。这样计算的目的是：最优秀的染色体被复制成多份遗传给下一代，中等染色体则维持原有水平，较差的染色体则不被选择直至最终被淘汰，那么最优秀的染色体种群即为形成最大包络体体积的染色体种群。

4.3.5　最大包络体及容积率推算

经过对居住组团层面的居住用地地块适应性函数以及遗传算子的设计，得出该居住组团内最优秀的染色体种群作为计算最大容积率的包络体，对于具体包络体推算的过程可以分为以下几个步骤：

（1）定义包络体基底

对包络体进行推算前，首先要定义包络体基底，即确定包络体推算的场地边界及其最大建筑高度。根据前文中对"日照间距系数—容积率（AF）"约束模型的假设，该包络体的边界即为用地规模为 6 公顷的居住组团用地界限。设定包络体的目的在于对地块内的居住建筑进行总体布局前，用对包络体的分析结果来确定哪些区域适合修建居住建筑以及相应的建设高度，对初步规划具有一定的辅助作用，同时可以使用计算结果进一步来推算相应的容积率指标。

（2）定义窗户

进行包络体推算之前，首先要在可能影响到的基地周边建筑上布置窗户，并以系统参数中满窗的不同设置作为窗户日照时间的分析依据。进行窗户分析时，应对被遮挡建筑外墙面上的窗进行定位，定位的原则是：落地窗和凸窗的计算起点如图 4-5（a）所示；直角转角窗和弧形转角窗，以窗洞口为日照计算起点，如图 4-5（b）所示；异形外墙和异形窗体可以抽象和简化为简单的几何包络体；宽度不大于 1.80 米的窗户，应按实际宽度计算；宽度大于 1.80 米的窗户，可选取日照有利的 1.80 米宽度计算。需要说明的是，软件产生的日照等时线●会同时覆盖建筑的东、西、南三个朝向，因此，除北向外，不论定义的窗户在东、西、南三个朝向的哪个位置和哪个角度，都不会影响计算的结果。

（3）最大包络体推算

地块中待建建筑物的位置已经确定时，可将其定义成包络体基底进行计算（可同时计算多个），这样推算出的结果可用来确定建筑物能够建造的体量或样式。

由于日照分析软件中只有建筑位置和高度推算，没有宽度推算，因此，可将原有建筑物加宽后定义成基底进行包络体推算，并通过具体的分析结果来确定建筑物的宽度。规划管理部门可以此为依据向建设方提供日照规划设计条件图，设计部门可依据分析生成的规划地块或建筑基底"包络图"设计或调整方案，而本研究的重点只限于根据形成的最大包

● 日照等时线是指任意形状闭合区域自动计算和生成平面等日照线性模型图，日照时间因为纬度、海拔高度、气候等差异而不同，为了显示的方便，可将相同日照时间的地方用线圈出，同时建筑群体中任意形状闭合区域也可以自动生成平面日照线性以及立面日照线性模型图。

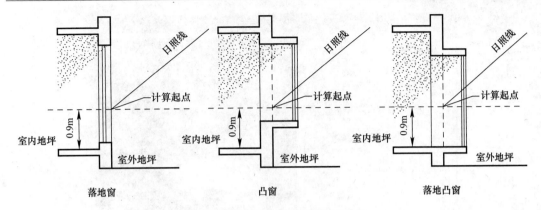

图 4-5a 落地窗和凸窗的计算起点
资料来源：建筑日照计算参数标准报批稿

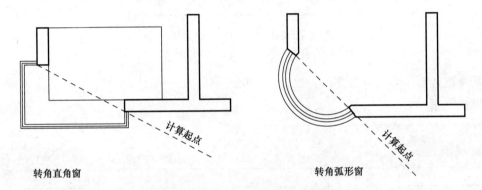

图 4-5b 直角转角窗和弧形转角窗的计算起点
资料来源：建筑日照计算参数标准报批稿

络体对地块的最大容积率进行推算，而具体的建筑空间形态模拟则不予考虑。

通过对包络体推算的结果，按设定的住宅建筑层高（2.8 米）把所有满足建筑某一层高前提下的地块面积计算出来，即某层的建筑面积。同时，对于组团层面的地块来说，根据本研究的前提假设（即建筑密度在 15%～40% 之间），地块只能在符合其建筑密度要求的区域内建设居住建筑，此时，建筑基底总面积与建筑密度的乘积，即为单层最大建筑面积。故而受到建筑密度差异的影响，某层的建筑面积也将会发生改变，其中大于单层最大建筑面积的，必须取单层最大建筑面积；小于单层最大建筑面积的，仍保留原值。

（4）最大容积率推算

在对基地内的最大包络体进行推算和确定以后，特别是确定单层最大建筑面积以后，就可以根据需要累加若干层建筑面积的值，这个值就是在一定建筑平均层数下的总建筑面积，总建筑面积与基底总面积的比值，即为在某一建筑平均层数下的容积率值。根据本研究的假设前提，由于建筑平均层数 n 的取值范围是 $4 \leqslant n \leqslant 35$，那么对应的地块容积率指标必然也会存在上限值。

综合上述的分析及相应的参数设定，通过众智日照分析 Sun 软件就可以进行居住地块最大包络体的分析（图 4-6）以及在建立最大包络体分析基础上的地块最大容积率计算，得出在不考虑周边地块现状建筑影响下组团层面的居住用地任意一代最大包络体对应的最

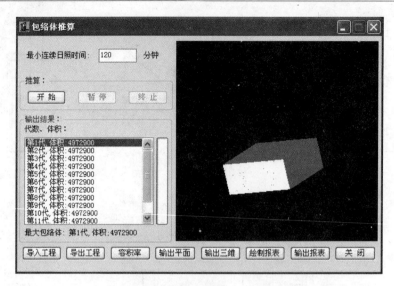

图 4-6　组团层面的居住用地最大包络体推算示意图
资料来源：众智日照分析软件

大容积率随建筑平均层数的变化，如表 4-2 所示。

不同建筑密度组团层面的居住用地容积率随建筑层数变化示意表　　　　表 4-2

建筑平均层数	建筑高度(m)	容　积　率					
		建筑密度 15%	建筑密度 20%	建筑密度 25%	建筑密度 30%	建筑密度 35%	建筑密度 40%
4	11.2	0.6	0.8	1	1.2	1.4	1.6
5	14	0.75	1	1.25	1.5	1.75	2
6	16.8	0.9	1.2	1.5	1.8	2.1	2.4
7	19.6	1.05	1.4	1.75	2.1	2.45	2.8
8	22.4	1.2	1.6	2	2.4	2.8	3.2
9	25.2	1.35	1.8	2.25	2.7	3.15	3.6
10	28	1.5	2	2.5	3	3.5	4
11	30.8	1.65	2.2	2.75	3.3	3.85	4.4
12	33.6	1.8	2.4	3	3.6	4.2	4.8
13	36.4	1.95	2.6	3.25	3.9	4.55	5.2
14	39.2	2.1	2.8	3.5	4.2	4.9	5.6
15	42	2.25	3	3.75	4.5	5.25	6
16	44.8	2.4	3.2	4	4.8	5.6	6.4
17	47.6	2.55	3.4	4.25	5.1	5.95	6.8
18	50.4	2.7	3.6	4.5	5.4	6.3	7.2
19	53.2	2.85	3.8	4.75	5.7	6.65	7.6
20	56	3	4	5	6	7	8
21	58.8	3.15	4.2	5.25	6.3	7.35	8.4
22	61.6	3.3	4.4	5.5	6.6	7.7	8.8
23	64.4	3.45	4.6	5.75	6.9	8.05	9.2
24	67.2	3.6	4.8	6	7.2	8.4	9.6
25	70	3.75	5	6.25	7.5	8.75	10

续表

建筑平均层数	建筑高度（m）	容 积 率					
		建筑密度 15%	建筑密度 20%	建筑密度 25%	建筑密度 30%	建筑密度 35%	建筑密度 40%
26	72.8	3.9	5.2	6.5	7.8	9.1	10.4
27	75.6	4.05	5.4	6.75	8.1	9.45	10.8
28	78.4	4.2	5.6	7	8.4	9.8	11.2
29	81.2	4.35	5.8	7.25	8.7	10.15	11.6
30	84	4.5	6	7.5	9	10.5	12
31	86.8	4.65	6.2	7.75	9.3	10.85	12.4
32	89.6	4.8	6.4	8	9.6	11.2	12.8
33	92.4	4.95	6.6	8.25	9.9	11.55	13.2
34	95.2	5.1	6.8	8.5	10.2	11.9	13.6
35	98	5.25	7	8.75	10.5	12.25	14

资料来源：根据众智日照分析软件分析结果整理

　　首先，从图 4-6 可以看出，由于地块外围没有建筑，因此，组团地块内部的建筑不会受到与外部建筑之间日照关系的影响，故而其形成的包络体实质上是一个"完整的立方体"，这就意味着任何一个初代体（Generation ZERO）和父代体（Father Generation）的包络体体积都相同。同时，从表 4-2 可以看出，受组团地块建筑密度的影响，对于任何一代的包络体来说，在相同的建筑平均层数下，建筑密度越大的地块，容积率也越大。因此，在不考虑地块外围建筑影响的前提下，城市新建居住用地"日照间距系数—容积率（AF）"约束模型表现为因变量最大容积率随自变量建筑平均层数不断增加的线性函数（图 4-7）。在该函数中，当地块内建筑密度为 40% 时存在容积率最大值曲线，该曲线在建

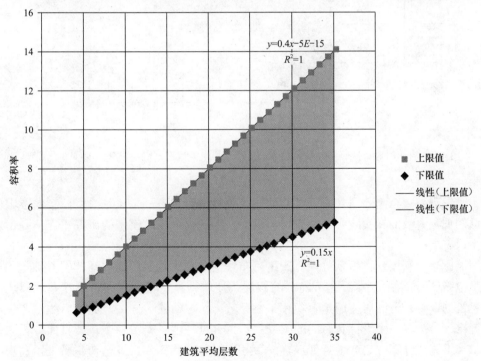

图 4-7　居住用地"日照条件—容积率（AF）"约束模型上下限值随建筑平均层数变化曲线

资料来源：笔者自绘

筑平均层数 $4 \leqslant n \leqslant 35$ 的定义域范围内的最大容积率 $F_{max}=14$；反之，当地块内建筑密度为 15% 时存在容积率最小值曲线，该曲线在建筑平均层数 $4 \leqslant n \leqslant 35$ 的定义域范围内的最小容积率 $F_{min}=0.6$。如果以地块的建筑密度为自变量的话，那么"日照间距系数—容积率（AF）"约束模型就表现为因变量容积率上、下限值随自变量建筑密度呈正相关关系的线性函数（图 4-8）。在该函数中，最大容积率曲线可以定义为在建筑平均层数 $n=35$ 时所对应的函数曲线，其值域范围是建筑密度为 15%～40% 时最大容积率曲线的取值范围（5.25，14），此时存在 $F_{max}=14$；最小容积率可以定义为在建筑平均层数 $n=4$ 时所对应的函数曲线，其值域范围是建筑密度为 15%～40% 时最小容积率曲线的取值范围（0.6，1.6），此时存在 $F_{max}=0.6$。

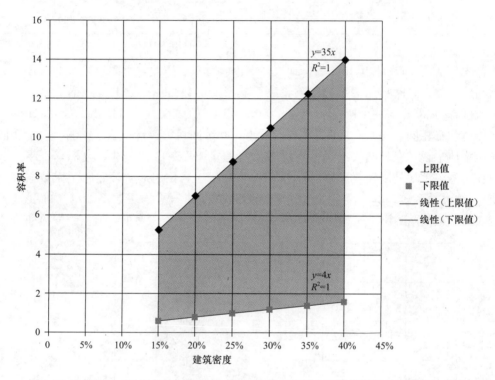

图 4-8　居住用地"日照条件—容积率（AF）"约束模型上下限值随建筑密度变化曲线

资料来源：笔者自绘

不难发现，城市新建居住用地"日照间距系数—容积率（AF）"约束模型的下限值存在过低的现象，故而在实践中不具有操作意义，因此，对于该模型的研究重点还是以上限值为主。

综上所述，利用计算机软件计算产生可布置建筑物的最大三维空间范围（称体积最大的三维包络体），再根据本研究所确定的假设条件估算理想状态（即不考虑基地周边现有居住建筑的影响）下的居住用地容积率是一种较为科学的数学方法。通过穷举法产生包络体进行比较、优选，因受计算时间的限制，不具有可行性，利用基于众智日照分析软件仿生学的人工智能计算方法产生近似最优解，并且对这种计算方法进行初步验证，实现了理论技术上的城市新建居住用地"日照间距系数—容积率（AF）"约束模型的"值域化"控制，也为计算机辅助居住用地容积率估算找出了一条大致可行的技术途径。

4.4　模型验证——西安市新建居住用地"日照间距系数—容积率（AF）"约束模型建构及其适用条件分析

4.4.1　西安市新建居住用地"日照间距系数—容积率（AF）"约束模型建构

根据前文的分析，在不考虑地块外部条件的影响下，居住组团层面的"日照间距系数—容积率（AF）"约束模型实质上可以用居住用地的建筑密度和建筑平均层数之间的乘积来表示，与地块大小并无关系。因此，理论上的"日照间距系数—容积率（AF）"约束模型只适用于地块外围没有现状建筑的情况。但是如果基地周边存在居住建筑，或者即将建设的规划已批居住建筑，那么，对地块内部的包络体及其对应的容积率指标推算就要考虑外部条件的影响，这将会使地块内的最大容积率指标降低。事实上，对于城市建设来说，在建成区范围内任意地块周边都必然会存在已建或者待建建筑，只有独立的别墅区或者城市郊区的独立型居住用地才可能出现周边不存在现状居住建筑的可能。因此，相比较理想状态下基于日照条件的居住用地容积率约束模型建构，考虑到周边地块影响下，对城市新建居住用地"日照间距系数—容积率（AF）"约束模型研究更具有实践和指导意义。对于选取的西安市新建居住用地样本"日照间距系数—容积率（AF）"约束模型的建构而言，则需要根据实际情况，更多地考虑外部条件制约下地块内部最大容积率的确定。

根据上述原则，以本研究所选取的居住用地样本中的典型代表之一——西安百欣花园住宅小区为例，来说明地块外部存在现状居住建筑时对基地内部最大容积率的影响。

西安百欣花园小区（样本13）住宅位于西安市莲湖区西二环路以东，沣禾路以南，由若干栋点式加板式高层住宅所构成。项目总用地规模3.85公顷（居住组团），规划总建筑面积为110395平方米，规划容积率为2.87，建筑密度为19.56%，建筑平均层高14.67。❶在基地的北侧和东侧存在现状住宅建筑的影响（图4-9），如果根据图4-9所示意的基地内建筑规划布局对地块进行日照分析（图4-10）可以发现，基地内规划的建筑间距正好可以满足西安市地方性的日照标准要求，同时也不会对地块外围（北侧和东侧的现状居住建筑）产生日照影响，说明该规划布局所依据的条件正是满足日照标准要求。为了对其容积率指标进行验证，对于基于遗传算法的基地内最大包络体推算及相应的最大容积率的计算来说，在"日照间距系数—容积率（AF）"约束模型应用上必然要考虑周边现有住宅的影响，即在确保周边现状居住建筑和学校在满足地方性日照标准要求的基础上求解出地块内部的最大容积率。

经过分析，图中周边建筑一共有29个窗户要进行日照影响的计算，日照最低标准采用西安市规定的冬至日连续日照2小时的标准，有效日照时间为9：00～15：00，经过耗时约15分钟的30代繁衍得到的近似包络体体积最大约为330000立方米（图4-11），并且各代包络体的形体变化差异较小，故而在此基础上可以进一步推算地块容积率的大小，结果如表4-3所示。

---

❶　这就意味着如果不考虑地块周边建筑的影响，地块内的最大容积率可以达到14.67×40%＝5.87。

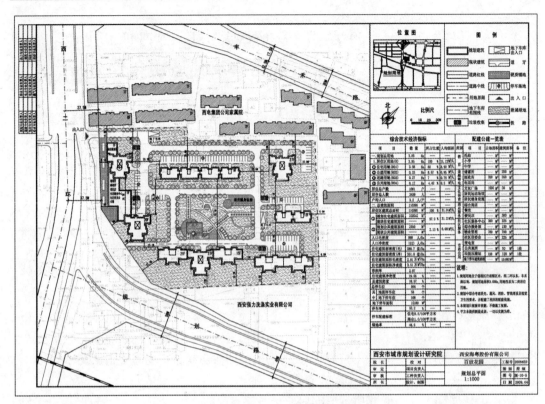

图 4-9 西安百欣花园规划总平面
资料来源：西安市城市规划设计研究院

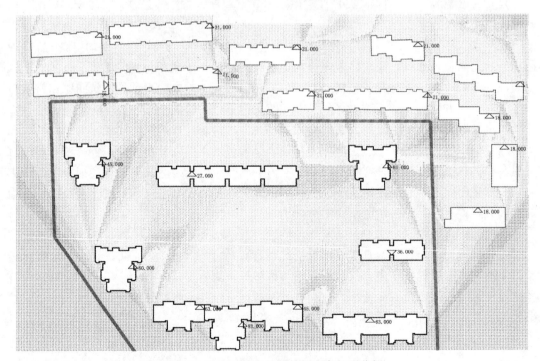

图 4-10 研究地块审批后规划方案日照分析
资料来源：根据众智日照分析软件分析结果整理

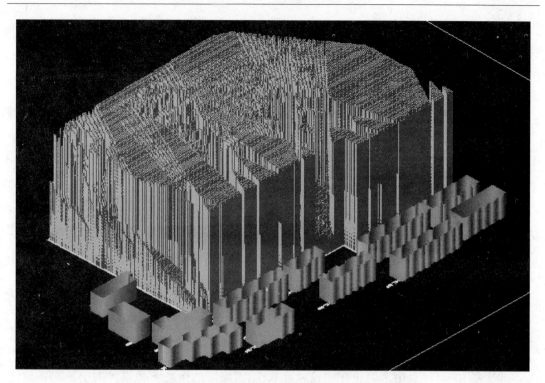

图 4-11 软件生成的研究地块最大包络体计算机模型
资料来源：根据众智日照分析软件分析结果整理

研究地块最大包络体产生的最大容积率   表 4-3

建筑平均层数	建筑高度（m）	容积率					
		建筑密度15%	建筑密度20%	建筑密度25%	建筑密度30%	建筑密度35%	建筑密度40%
4	11.2	0.6	0.8	1	1.2	1.4	1.6
5	14	0.75	1	1.25	1.5	1.75	2
6	16.8	0.9	1.2	1.5	1.8	2.1	2.4
7	19.6	1.05	1.4	1.75	2.1	2.45	2.8
8	22.4	1.2	1.6	2	2.4	2.8	3.2
9	25.2	1.35	1.8	2.25	2.7	3.15	3.6
10	28	1.5	2	2.5	3	3.5	4
11	30.8	1.65	2.2	2.75	3.3	3.85	4.4
12	33.6	1.8	2.4	3	3.6	4.2	4.8
13	36.4	1.95	2.6	3.25	3.9	4.55	5.2
14	39.2	2.1	2.8	3.5	4.2	4.9	5.6
15	42	2.25	3	3.75	4.5	5.25	5.97
16	44.8	2.4	3.2	4	4.8	5.56	6.27
17	47.6	2.55	3.4	4.25	5.06	5.82	6.53
18	50.4	2.7	3.6	4.48	5.29	6.05	6.76
19	53.2	2.85	3.8	4.68	5.49	6.25	6.97
20	56	3	3.99	4.87	5.68	6.44	7.16
21	58.8	3.15	4.17	5.05	5.86	6.62	7.34

建筑平均层数	建筑高度(m)	容积率					
		建筑密度15%	建筑密度20%	建筑密度25%	建筑密度30%	建筑密度35%	建筑密度40%
22	61.6	3.3	4.35	5.23	6.04	6.8	7.51
23	64.4	3.45	4.52	5.4	6.21	6.97	7.69
24	67.2	3.6	4.69	5.57	6.39	7.14	7.86
25	70	3.75	4.86	5.75	6.56	7.31	8.03
26	72.8	3.9	5.03	5.91	6.73	7.48	8.2
27	75.6	4.05	5.2	6.08	6.89	7.65	8.36
28	78.4	4.2	5.36	6.24	7.05	7.81	8.52
29	81.2	4.35	5.52	6.4	7.21	7.97	8.68
30	84	4.5	5.67	6.55	7.37	8.12	8.84
31	86.8	4.65	5.83	6.71	7.52	8.28	9
32	89.6	4.8	5.99	6.87	7.68	8.44	9.15
33	92.4	4.95	6.14	7.02	7.83	8.59	9.31
34	95.2	5.1	6.3	7.18	7.99	8.75	9.46
35	98	5.25	6.45	7.34	8.15	8.9	9.62

资料来源：根据众智日照分析软件分析结果整理

通过表4-3可以看出，假设在建筑密度取上限40%的情况下包络体内全部布置建筑物，则容积率最大值为9.62，如果根据研究地块的建筑密度条件取19.6%，那么容积率的最大值约为3.9，故而2.87的初始容积率是合理的，也就是说，如果进一步根据包络体的形态将地块内的建筑分布和高度进行优化调整，是能够满足地块周边建筑的采光需求的。同时，不论是在何种建筑密度状态下，当建筑平均层数较低时，基地内的最大容积率和理想状态下（即不考虑基地周边现状建筑的影响）"日照间距系数—容积率（AF）"约束模型的容积率上限值相同，说明在建筑平均层数较低时，基地内，按照满足日照分析的前提，即使达到了最大容积率，也不会影响周边的现状建筑，但基地内建筑平均层数较高时（15层以上），则会逐渐对周边现有的建筑产生日照影响。

4.4.2 基于"日照间距系数—容积率（AF）"约束模型的西安市新建居住用地容积率调整建议

基于本章的分析方法与结论，对于所选取的西安市36个新建居住用地样本"日照间距系数—容积率（AF）"约束模型建构与验证主要也是采用基于遗传算法的地块最大包络体推算，进而在此基础上计算出在既定建筑密度下的容积率最大值，并与规划的初始容积率 F_0 进行对比，从而提出基于"日照间距系数—容积率（AF）"约束模型的新建居住用地样本容积率优化调整建议。鉴于篇幅的限制，本研究仅以一个样本地块为例进行了详细的计算说明，其他居住用地样本地块研究方法及计算过程与其完全相似，因此，对于其他居住用地样本的计算过程，本文不再进行详述。由于研究涉及具体的开发建设项目，因此，为了保证研究的可操作性，对于独立的地块而言（即样本中存在个别地块周边不存在现状或已批待建居住建筑的情况），则不需要考虑外部条件的影响，而对于绝大多数周边已经存在现状或已批待建的居住建筑的情况，则需要考虑周边地块建筑日照的影响，即确保地块内的最大容积率指标不得影响周边地块内建筑底层窗户大寒日 2 小时的日照标准。根据以上原则，基于"日照间距系数—容积率（AF）"约束模型的西安市新建居住用地容积率调整建议如表 4-4 所示。

基于"日照间距系数—容积率（AF）"约束模型的西安市新建居住用地容积率调整建议

表 4-4

编　号	居住用地样本	用地面积（hm²）	初始容积率	建筑密度（%）	平均层数	满足日照的最大容积率	容积率差异	调整后的容积率
		S_x	F_o	M	n	F_{max}	F_c	F
1	样本 1	2.50	2.50	30.9	8.1	2.44	−0.06	2.44
2	样本 2	3.33	3.60	34.3	10.5	3.85	0.25	●
3	样本 3	3.34	4.05	18.3	22.1	4.13	0.08	●
4	样本 4	4.68	3.50	21.0	16.7	3.62	0.12	●
5	样本 5	2.27	3.81	34.1	11.2	3.79	−0.02	3.79
6	样本 6	2.01	3.98	25.8	15.4	4.12	0.15	●
7	样本 7	5.33	3.50	26.0	13.5	3.23	−0.27	3.23
8	样本 8	4.16	4.90	20.4	24.0	4.96	0.06	●
9	样本 9	9.07	2.50	13.0	19.2	2.78	0.28	●
10	样本 10	7.72	3.07	26.0	11.8	3.03	−0.04	3.03
11	样本 11	2.00	4.25	26.7	15.9	4.39	0.14	●
12	样本 12	4.29	4.93	26.4	18.7	5.27	0.34	●
13	样本 13	3.85	2.87	18.6	15.5	3.21	0.34	●
14	样本 14	3.35	3.35	26.2	12.8	3.13	−0.22	3.13
15	样本 15	3.30	5.06	33.5	15.1	5.95	0.89	●
16	样本 16	2.71	3.50	17.3	20.2	3.38	−0.12	3.38
17	样本 17	9.50	2.40	18.5	13.0	2.71	0.31	●
18	样本 18	3.16	3.59	20.4	17.6	3.85	0.26	●
19	样本 19	3.55	4.76	19.5	24.4	4.98	0.22	●
20	样本 20	4.32	5.30	30.4	17.4	5.56	0.26	●
21	样本 21	3.72	3.90	32.6	12.0	4.02	0.12	●
22	样本 22	2.47	6.23	23.8	26.2	6.25	0.02	●
23	样本 23	6.71	3.50	23.3	15.0	3.19	−0.31	3.19
24	样本 24	3.97	5.30	25.6	20.7	5.18	−0.12	5.18
25	样本 25	3.88	2.52	25.1	10.0	2.37	−0.15	2.37
26	样本 26	4.42	6.00	26.0	23.1	6.15	0.15	●
27	样本 27	3.53	2.57	18.6	13.8	2.43	−0.14	2.43
28	样本 28	3.02	7.59	32.2	23.6	7.42	−0.17	7.42
29	样本 29	2.93	2.90	24.2	12.0	2.93	0.03	●
30	样本 30	9.50	2.40	18.5	13.0	2.41	0.01	●
31	样本 31	4.48	6.76	32.4	20.9	6.14	−0.62	6.14
32	样本 32	8.87	5.72	36.1	15.8	5.78	0.06	●
33	样本 33	5.65	4.48	17.5	25.6	4.48	0.00	●
34	样本 34	3.53	4.84	19.2	25.2	5.02	0.18	●

续表

编　号	居住用地样本	用地面积（hm²）	初始容积率	建筑密度（%）	平均层数	满足日照的最大容积率	容积率差异	调整后的容积率
		S_x	F_o	M	n	F_{max}	F_c	F
35	样本35	2.71	3.38	16.4	20.6	3.26	−0.12	3.26
36	样本36	2.00	4.25	26.7	15.9	4.81	0.56	●

注：●表示初始容积率在"日照间距系数—容积率（AF）"约束模型的取值区间范围内，说明初始容积率能够满足居住用地内自身和周边地块的日照采光要求，不需要容积率调整。

资料来源：笔者自绘

　　按照西安市相关城市规划审批管理的规定，任何居住用地开发建设项目在取得正式的建筑工程规划许可证以前都需要对用地内部及其周边的建筑日照间距进行分析，无法满足日照条件的项目不予审批通过，因此，原则上说，研究选取的所有样本居住用地的容积率都应该符合西安市地方性日照标准的要求，并且都应该接近于"日照间距系数—容积率（AF）"值域化约束模型的最大容积率。但是通过表4-4可以看出，有14个样本居住用地地块的初始容积率 F_o 不能够满足西安市日照标准约束下的最大容积率 F_{max} 的需求，即 $F_o > F_{max}$，占到了总样本数的近40%，说明西安市新建居住用地的容积率指标在整体上还是基本能够满足日照规定的要求的。但从另一方面来看，对于容积率指标具体的差异程度来说，除个别地块以外，绝大多数样本地块突破"日照间距系数—容积率（AF）"约束模型影响下的极限容积率最大值都不会超过0.5，并且不能够满足日照标准约束下最大容积率的样本地块周边都存在有现状居住建筑。因此，为了确保本次研究的整体性和科学性，建议将初始容积率 F_o 不能够满足西安市日照标准约束下的最大容积率 F_{max} 需求的14个样本居住用地的初始容积率 F_o 降至"日照间距系数—容积率（AF）"约束模型的最大值，从而确保周边地块所有住宅建筑的日照都能够满足地方性要求。

4.5　本章小结

　　本章采用基于遗传算法的城市新建居住用地地块最大包络体分析及其所对应的最大容积率推算，重点研究了仅在日照分析（日照间距系数）影响下的居住用地容积率约束模型的建构，并以西安为例对模型的适用条件和合理性进行了验证。由于遗传算法是一门新兴的学科，技术难度较大，计算过程复杂并且通过穷举法产生包络体，再进行比较、优选等，势必会带来一定的误差，因此，研究采用了与遗传算法相对应的众智日照分析软件操作来实现地块包络体及其对应的容积率指标的最大化计算，不仅在一定程度上解决了常规计算中无法解决的住宅东、西朝向日照影响计算的问题，也在一定程度上实现了计算过程的科学性与准确性。

　　研究结果表明，首先从"日照间距系数—容积率（AF）"约束模型的建构来看，由于在理想状态下不考虑地块周边现状建筑的影响，其容积率的上、下限值在不同的建筑平均层数下随地块建筑密度的增加而增加，并且不随地块面积而改变，因此，其在建筑密度取15%~40%、建筑平均层数取4~35层之间的值域范围为（0.6，14）。不难发现，由于该指标的值域范围过于宽泛，因此只能在理论性的模型构建阶段起到一定的指导性作用，而对于实践来说，由于具体的城市居住用地开发一般都会受到周边地块现状建筑的影响，故而现实中的"日照间距系数—容积率（AF）"约束模型值域范围必然会小于（0.6，14）的区间范围（即理论上的模型和现实的模型存在一个系数关系，并且建筑密度越大、建筑平均层数越高，该系数的修正作用越明显），而且基于遗传算法的包络体分析及其容积率推算也更多地应用在地块周边存在现状建筑影响的前提下，因此在实证层面对"日照间距系数—容积率（AF）"约束模型的建构在意义上要大于理论层面的模型建构。

在实证层面，从对案例城市西安市新建居住用地样本"日照间距系数—容积率（AF）"约束模型的验证和研究结果来看，虽然有部分地块的初始容积率无法满足地方性的日照标准（特别是周边已有居住建筑的日照采光要求），但由于受到各种因素的影响，居住用地样本初始容积率和检验后的容积率差别较小，故而研究认为，西安市新建居住用地的容积率指标在整体上还是基本能够满足地方性日照规定的要求的，同时也能够说明，各类居住用地样本地块的初始容积率确定的原则基本上也是以满足日照条件为主要依据的，甚至是作为惟一依据，这也再次说明和验证了日照标准在影响城市居住用地容积率所有公共利益的因子中的重要性所在。

作为一种技术性的基础研究，本章旨在通过简化计算过程、实现"黑箱式操作"的方式探寻日照条件单因子约束下城市新建居住用地容积率随建筑平均层数、建筑密度等自变量的变化情况，为后续基于公共利益的居住用地容积率"值域化"综合约束模型的建构提供一个刚性的并且是相对宽泛的值域区间。由于受到各种假设条件的影响以及日照分析软件自身存在的技术问题，故而研究计算的结果也可能会存在一定的偏差，需要在后续的研究中通过引入其他代表公共利益的居住用地容积率影响因子进行修正。此外，为了使居住用地容积率估算的技术方法更加实用，如何布置研究基地内部的居住建筑，并通过最有效的方式将包络体转换成更加实际的规划容积率指标还需要进一步展开研究。

5 绿化条件下城市新建居住用地容积率约束模型建构

绿化（Greening Planting）是指栽种植物以改善环境的活动，具体而言是指栽植防护林、路旁树木、农作物以及居住区和公园内的各种植物等。绿化主要包括国土绿化、城市绿化、小区绿化和道路绿化等，它可改善环境卫生并在维持生态系统平衡方面起重要的作用。绿化可以分为广义绿化和狭义绿化。广义的绿化泛指只要起到增加植物数量，改善环境的种植栽培园林工程等行为都可以算是绿化；而狭义的绿化则是在此基础上增加了人为的评判标准，如该植物的存在对环境的利弊分析，特别是对于有些外来植物，一切都以对人类社会的投入产出来评判，进而划分出园林、公园、景观、小区等层面的绿化，即园林绿化、公园绿化、景观绿化、小区绿化等。

在城市内所有的绿化当中，对人居环境或者是城市居民公共利益影响最大的莫过于小区绿化。从居住环境内绿化的作用来看，充足的绿地不仅可以净化空气、水体和土壤，而且还能够起到改善居住环境小气候、降低噪声、安全防护等作用。同时，从居民的心理需求来看，优美的绿化环境对于体力劳动者，可帮助他们消除疲劳；对于脑力劳动者，则可以起到调剂生活、提高工作效率的作用；对于儿童，可培养其勇敢、活泼的素质；对于老年人，则可增进生机、延年益寿。因此，好的绿化环境是确保居住用地内公共环境品质的基础，故而在现行的诸多规范和规定当中，对于城市新建居住用地规划设计在绿化配置方面的相关指标都提出了明确的要求。

关于居住用地绿化方面的指标，主要包括绿地率、人均公共绿地面积、绿化覆盖率、绿化率等。从实践来看，绿地率和人均公共绿地是常用指标，根据国家现行的相关规范，"绿化覆盖率"是指用地范围内园林植物的垂直投影面积所占的百分比，是评价环境质量的标准之一（中国大百科全书，1984 年）。例如乔木、灌木和地被植物重叠覆盖的地方，覆盖面积只计算一层，而行道树和其他零星的树种不计入绿地率中，但其垂直投影面积应当计入绿化覆盖率中，可见居住用地内的绿化覆盖率可能会达到 100%。同时，根据《城市居住区规划设计规范》GB 50180—93 的规定，"绿化覆盖率"仅仅强调规划树木成材后树冠覆盖下的用地面积，而不管其占地面积的实际用途，所占用地与使用性质还往往不一致，因此，在各类规范和实际居住用地环境质量评价中，该指标很少被用于实际的绿化控制。"绿化率"因语义含糊，没有专业的定义，更多地作为一种非专业性词语在房地产广告、非规划领域的规范条文说明、报刊媒体等地方出现，故在本研究中也不予以考虑。

5.1 影响居住用地容积率的绿化指标因子辨析

根据前文的分析，对居住用地绿化指标的选择与控制应符合以下原则（徐明尧，2000年）：在控制指标项目方面，应选择能有效反映绿化环境质量，并能准确、方便地计算和测算的指标；在指标取值方面，应在贯彻节约土地原则的前提下保证居住用地内良好的环境质量，并适当考虑环境发展的需求；此外，应鼓励居住用地内采用灵活的方式建设绿化环境。在进行规划设计和管理时，也应通过具体的绿化指标对居住用地内的绿化环境进行衡量、评价和控制。

综上所述，既然绿化是一个居住环境中不可或缺的组成部分，那么，在居住用地的规划设计过程中必然要对必要的绿化指标提出一定的建设标准，通过对环境品质的控制，满足居民在各方面的需求。根据《城市居住区规划设计规范》GB 50180—93（2002年版），居住用地一般由住宅用地、公建用地、道路用地和公共绿地所组成，其中组团层面的公共绿地占整个居住用地的3％～6％（不包括宅旁绿地、道路绿地、公建附属绿地等），也就是说，在一个居住组团内至少有占总用地3％～6％的用地应作为绿地使用，而在居住小区或居住区层面的公共绿地所占的比例更高（表5-1），这是从用地平衡的角度对居住用地内的绿化占地面积进行规定。除此之外，为了确保居住用地内公共绿地的规模，对于各层面的人均公共绿地面积也作出了明确的要求。

居住区用地平衡控制指标（％）   表 5-1

用地构成	居住区	小区	组团
1. 住宅用地（R01）	50～60	55～65	70～80
2. 公建用地（R02）	15～25	12～22	6～12
3. 道路用地（R03）	10～18	9～17	7～15
4. 公共绿地（R04）	7.5～18	5～15	3～6
居住区用地（R）	100	100	100

资料来源：《城市居住区规划设计规范》GB 50180—93（2002年版）

对于居住用地来讲，由于各种绿化指标与居住用地的用地规模和人口规模都直接相关，那么，绿化指标就必然会与本研究的核心——居住用地的容积率指标有关。但从目前来看，针对居住用地内容积率和绿化指标关系的研究相对较少，仅有黄一翔（2008年）等人探讨制定了一个以碳平衡为原则，并根据容积率的不同而变化的绿色住区绿地率动态指标，以求能更科学及准确地指导绿色住区绿地系统的建设。林茂（1988年）通过数学建模的方式探讨了居住用地内容积率与绿地量随建筑层数的变化规律，得出了不同类型住宅建筑低层、多层、高层的高密度最优化值，进而在此基础上进行容积率的估算。此外，其他关于居住用地内绿化指标的研究也主要停留在对于"绿地率"和"绿化覆盖率"相关概念的界定（刘家麒等，1991年；运迎霞等，1998年）和关于绿地率自身指标体系合理性的探讨（张小松等，2004年；徐明尧，2000年）两方面。因此，根据前文的论述和分析，本章将直接以与居住用地容积率相关的绿化指标作为模型变量，探讨在绿化指标约束下的城市新建居住用地容积率"值域化"约束模型的建构方法及其应用问题。

5.1.1　绿地率及绿化覆盖率

绿地率（Ratio of Green Space/Greening Rate）描述的是居住用地范围内各类绿地的面积总和与居住用地面积的比率（％）。"绿地率"所指的"居住用地范围内各类绿地"主要包括各层级的公共绿地、公建绿地、道路绿地、宅旁绿地等。其中，公共绿地又包括居住区公园、小游园、组团绿地及其他的一些块状、带状公共绿地。

绿地率是衡量居住环境质量的一项非常重要的指标，充足的绿地系统是居住环境的重要组成部分，也是构建优良生态居住环境的前提，而良好的生态居住环境则主要通过绿化指标来体现。因此，《城市居住区规划设计规范》GB 50180—93（2002 年版）中明确规定，居住区内的绿地率：新区建设不应低于 30％；旧区改建不宜低于 25％。其中又存在另外一个指标概念——绿化覆盖率，绿地率与绿化覆盖率都是衡量居住区绿化状况的经济技术指标，但绿地率不等同于绿化覆盖率。根据前文所述，绿化覆盖率是指绿化植物的垂直投影面积占整个用地的比例，所以必然存在绿地率要小于绿化覆盖率的规定。由于绿化覆盖率在相关标准和规范当中并没有被明确提出，因此，本研究所指的绿地率并不是绿化覆盖率。

综上所述，不论是对于绿地率还是绿化覆盖率来讲，其更多地是反映居住环境综合质量的一项指标，与居住用地的开发强度没有直接联系，并且从数学意义上来说，只存在如下关系：

$$空地率 = 1 - 建筑密度（建筑基底覆盖率） \tag{5-1}$$

同时，空地面积等于各类绿化面积和道路面积（包括地面停车场）之和，根据本研究的假设，当居住组团内的建筑密度限定在 15％～40％之间时，空地率为 60％～85％，而其中道路用地最多只占到总用地的 15％，那么，其他用地在一定程度上都可以看作是绿地，这就不仅说明在居住用地内最低 30％的绿地率指标是相对容易满足的，而且也说明绿地率指标只与建筑密度有关，而与容积率无关。因此，绿地率指标不能作为城市新建居住用地"绿化指标—容积率（GF）"约束模型的建构所需考虑的因子。

5.1.2 人均公共绿地面积

公共绿地是指满足规定的日照要求的、适合于安排游憩活动设施的、供居民共享的集中绿地，包括居住区公园、小游园和组团绿地及其他块状、带状绿地等。可见，相对于其他类型的绿地来说，公共绿地对居住区公共环境品质影响最大，作用最为直接，故而相关规范对于各层面的公共绿地规模都有着非常明确的限定。因此，按照《城市居住区规划设计规范》GB 50180—93（2002 年版）的规定，除了绿地率指标以外，居住区内的人均公共绿地面积的总指标，应该根据居住人口规模分别达到：组团不少于 0.5 平方米/人，小区（含组团）不少于 1 平方米/人，居住区（含小区与组团）不少于 1.5 平方米/人，并根据居住区规划布局形式统一安排、灵活使用。与绿地率指标所不同的是，人均公共绿地面积指标的引入不仅是对绿地率指标的补充，也是从"人"的角度出发对居住用地内所有绿地中的公共部分进行的进一步限定与约束，并通过对居住用地容积率的影响强化了居民的公共利益。

根据徐明尧（2004 年）的研究，从目前城市住宅区建设实际来看，各层面的公共绿地总体在使用上显得比较拥挤，甚至出现公共绿地缺失的情况，其原因在于受到开发实力、开发方式、封闭式物业管理方式等方面的影响，大多数城市住宅区都按照居住组团或者居住小区规模建设，并成为该地区的一个相对独立的组成单元，没有形成严格的"居住区—小区"或者"居住小区—组团"的二级结构，这就造成了由于没有更高层次的居住区公园进行补充，小区公共绿地担负了居民主要的游憩活动。以上问题会造成居住用地内的公共绿地规模难以满足小区居民的使用需求，特别是对于组团层面的公共绿地而言，相对较小的公共绿地面积更是难以同时满足日照、设施、游憩等多方面的综合要求。❶城市居民对居住生活环境品质的需求越来越高，公共绿地配套不足的问题将会成为制约未来城市居住区健康发展的根本性问题。

针对上述问题，为了探索多样化的居住用地公共绿地布局结构从而满足各层面公共绿地的设置要求，研究建议对居住用地内的公共绿地设置进行分解，确保在"居住区—居住小区—居住组团"各居住层级内都设有相应规模的公共绿地，这不仅是《城市居住区规划设计规范》GB 50180—93（2002 年版）对公共绿地面积设置的刚性要求，也是保障公共绿地有效发挥其作用的根本前提。由于本文对城市新建居住用地的关注重点仅限定在地块（组团）层面，故而对于居住用地"绿化指标—容积率（GF）"约束模型的变量选择也以组团层面的人均公共绿地面积指标为主，居住区和居住小区层面的指标暂不考虑。

5.2 居住用地"绿化指标—容积率（GF）"约束模型建构

5.2.1 模型假设

（1）人均公共绿地面积 M_P

如前文所言，人均公共绿地面积 M_P 是绿化指标体系中的核心，也是从绿化配置的角度决定居住用地容积率的惟一的规范性绿化指标。因此，要构建在满足绿化配置条件下的居住用地容积率约束模型，首先必须确保组团层面的人均公共绿地面积 M_P 满足规范的要求，即 $M_P=0.5$ 平方米/人。对于本研究来讲，由于绿地率指标与居住用地容积率的关联性不强，因此，研究的重点在于对满足组团层面人均公共绿地面积前提下的居住用地容积率"值域化"的探讨，而且在城市新建居住用地"绿化指标—容积率（GF）"约束模型中，因变量容积率 F 必然会随着自变量人均公共绿地面积指标 M_P 的增加而减小，而《城市居住区规划设计规范》GB 50180—93 中对包括居住组团在内的各居住层面人均公共绿地面积指标都是控制下限值，那么相应的容积率就应该是上限值控制。

（2）人均居住建筑面积（E_P）

2005 年 1 月，国务院在批复《北京城市总体规划》时，首次在中央人民政府文件中提到"宜居城市"这个新的城市科学概念，同时颁布了《宜居城市科学评价标准》（宜居城市科学评价指标体系）。《宜居城市科学评价标准》从社会文明度、经济富裕度、环境优美度、资源承载度、生活便宜度、公共安全度六个方面对宜居城市进行了评分，根据不同得分将城市分为宜居城市、较宜居城市和宜居预警城市。其中，环境优美是城市是否宜居的决定性因素之一。宜居城市应该提供各种高质量的服务并且使得这些服务能被广大市民方便地享受，因此，环境优美度和生活便宜度占了较大权重。对于生活便宜度因子下的人均居住建筑面积因子提出的标准值是 26 平方米/人。该指标虽然在一定程度上代表了未来城市居住生活品质的标准，但从目前来看，国内能够达到这一标准的城市住区非常少。根据

---

❶ 《城市居住区规划设计规范》GB 50180—93 对组团级公共绿地的设置要求：组团绿地的设置应满足有不少于 1/3 的绿地面积在标准日照阴影线范围之外的要求，并便于设置儿童游戏设施和进行成人游憩活动。

住房与城乡建设部的统计，截至 2009 年底，中国城市人均住宅建筑面积约 30 平方米，而本次研究所选的 36 个西安市新建居住用地样本的平均人均住宅建筑面积也达到了 33.4 平方米/人。因此，考虑到现实发展的可能，本次研究在模型建构阶段所假定的人均居住建筑面积指标 E_P 限定在 30 平方米/人的标准，即 $E_P = 30$。

（3）组团公共绿地的设置方式

根据《城市居住区规划设计规范》GB 50180—93（2002 年版）的要求，居住区内的公共绿地，应根据居住区的不同规划布局形式设置相应的中心绿地以及老年人、儿童活动场地和其他的块状、带状公共绿地等。居住组团层面的组团绿地又可以分为院落式组团绿地和开敞型院落式组团绿地，其区别在于前者四面都被住宅建筑围合，空间较封闭，故要求其平面与空间尺度适当加大，而后者至少有一个面，面向小区道路或建筑控制线不小于10 米的组团级道路，空间较开敞，故要求平面与空间尺度小一些（图 5-1）。不难发现，不论是哪种组团绿地的设置方式，由于其本身规模相对较小，所以为了确保组团层面公共活动的展开，都要求公共绿地集中设置而非分散设置在组团内部。故而本次研究也将假定组团层面的公共绿地为集中式的设置方式，并且为了确保控制组团绿地的最小规模，可将其设置方式进一步限定为院落式组团绿地。

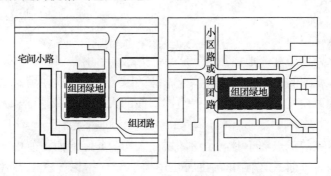

图 5-1　院落式组团绿地（左）和开敞型院落式组团绿地（右）示意图

资料来源：《城市居住区规划设计规范》GB 50180—93

5.2.2　居住用地容积率与人均公共绿地面积函数关系建构

众所周知的是，居住用地内容积率提高的同时居住人口密度也相应提高，但往往容积率的提高在一定程度上是以牺牲绿地的规模为代价的。也就是说，在不突破相关规范规定的前提下，容积率的提高势必会带来人均公共绿地面积指标的下降。如前文所述，我国目前在居住小区规划设计中一般以绿地率 y 和人均公共绿地面积 M_P 作为控制指标，而与居住用地容积率相关联的是人均公共绿地面积 M_P，因此，研究以人均公共绿地面积 M_P 为约束条件，在依据《城市居住区规划设计规范》GB 50180—93（2002 年版）所确定的组团层面各相关指标的基础上建立城市新建居住用地"绿化指标—容积率（GF）"约束模型。

由于居住组团内的人均公共绿地面积指标是居住组团内的公共绿地面积与居住人口的比值，那么就会存在：

$$M_P = S_p / N \tag{5-2}$$

其中，M_P 表示组团层面的人均公共绿地（平方米/人）指标，S_p 表示组团层面的公共绿地面积（平方米），N 表示组团层面的人口规模。根据《城市居住区规划设计规范》

GB 50180—93，组团层面的人口规模为 1000～3000 人，即 $N_{min}=1000$，$N_{max}=3000$，那么，在组团层面的公共绿地面积 $S_{pmin}=500$，$S_{pmaxa}=1500$。但在《城市居住区规划设计规范》GB 50180—93（2002 年版）中对居住组团的最小用地规模已经作出了 400 平方米的限定（表 5-2），故而研究考虑将调整修正后的组团公共绿地面积限定为 $S_{pmin}=400$，$S_{pmax}=S_{pmaxa}=1500$。

居住区各级中心绿地设置规定　　　　　　　　　　　　　　　　表 5-2

中心绿地名称	设置内容	要　　求	最小规模（公顷）
居住区公园	花木草坪、花坛水面、凉亭雕塑、小卖茶座、老幼设施、停车场地和铺装地面等	园内布局应有明确的功能划分	1.00
小游园	花木草坪、花坛水面、雕塑、儿童设施和铺装地面等	园内布局应有一定的功能划分	0.40
组团绿地	花木草坪、桌椅、简易儿童设施等	灵活布局	0.04

资料来源：《城市居住区规划设计规范》GB 50180—93（2002 年版）

综上所述，根据前文对公共绿地的定义可以看出，居住组团层面的公共绿地除了要满足一定的面积需求以外，同时还要满足一定的日照标准，即组团绿地的设置应满足有不少于 1/3 的绿地面积在标准日照阴影线范围之外的要求。这就说明，城市新建居住用地"绿化指标—容积率（GF）"约束模型的建构除了要考虑绿化指标自身所需要的变量以外，还要考虑日照条件的约束，那么，该模型就必然会与"日照间距系数—容积率（AF）"约束模型产生一定的关联。因此，城市新建居住用地"绿化指标—容积率（GF）"约束模型实质上就成了在"日照间距系数—容积率（AF）"约束模型的基础上，进一步引入了"绿化指标"（即人均公共绿地面积）这个变量对其进行进一步的修正。

对于"日照间距系数—容积率（AF）"约束模型来说，其容积率最大值为基地内所有建筑底层窗台正好满足大寒日 2 小时日照标准的临界容积率值，故而基地内除住宅建筑以外的空地（包括绿地和道路）大部分都将无法满足大寒日 2 小时的日照标准。❶ 那么，为了确保不少于 1/3 的组团公共绿地面积在标准日照阴影线的范围之外，就必须使原有基地内在保证 2/3 的组团公共绿地面积❷基础上，通过增加集中式的标准日照阴影线范围之外的绿地来确保《城市居住区规划设计规范》GB 50180—93 中对公共绿地在日照标准方面的规定，如此，总的用地面积将会增加，从而在建筑面积不变的前提下使居住用地"日照间距系数—容积率（AF）"约束模型的容积率上限指标降低。

根据以上分析，假设"日照间距系数—容积率（AF）"约束模型影响下计算得出的容积率最大值为 AF_{max}，其对应的地块面积为 S_{X1}，那么，此时的总建筑面积 A_1 就可以表示如下：

$$A_1 = AF_{max}S_{X1} \tag{5-3}$$

---

❶ 根据经验，可能会出现零星的空地能够满足日照标准的要求，但这与本研究假设的集中式组团绿地的前提不符，故而需要对模型进行调整。

❷ 经计算，即使在建筑密度取 40% 和道路占地比例取 15% 的上限值的前提下，居住组团内剩余的 45% 的空间都可以看作是绿化空间，即使这些绿地都不能满足大寒日 2 小时的日照标准，但在规模上完全可以满足在标准日照阴影线范围之内的 2/3 绿地的要求，故而研究认为满足该类型条件的公共绿地是可以在"日照间距系数—容积率（AF）"约束模型限定的地块范围内的。

在该总建筑面积水平下，对应的居住人口可以表示为：

$$N_1 = A_1/E_P = AF_{max}S_{X1}/30 \qquad (5\text{-}4)$$

对于在标准日照阴影线范围之外的 1/3 组团公共绿地面积（假设为 S_{X2}）来说，其在周围没有任何建筑影响的前提下可以确保 S_{X2} 全部的区域都能满足大寒日 2 小时的日照标准，但是一旦将其补充到"日照间距系数—容积率（AF）"约束模型限定的地块范围中就可以发现，除将该部分绿地置于整个基地的最南侧（即不受基地内住宅建筑的日照影响，但这与假定条件限定的集中式公共绿地不符）以外，将该地块增加到"日照间距系数—容积率（AF）"约束模型限定的任何居住组团地块范围内都会有部分面积进入到无法满足大寒日 2 小时日照标准的建筑阴影区范围。经研究计算发现，该部分面积基本上与 S_{X2} 总面积呈一定的倍数关系，并且建筑高度越高、建筑密度越大，原有理论上标准日照阴影线范围之外的 1/3 组团公共绿地面积进入到无法满足大寒日 2 小时日照标准建筑阴影区范围的面积也就越大，其最小值（当建筑平均层高为 4、建筑密度为 15%）为 S_{X2} 总面积的 4 倍左右，而最大值（当建筑平均层高为 35、建筑密度为 40%）可以达到 S_{X2} 总面积的 12 倍左右。由于对城市新建居住用地"绿化指标—容积率（GF）"约束模型的建构基础实质上是对于"日照间距系数—容积率（AF）"约束模型上、下限值的一种修正，故而为了与居住用地容积率日照约束模型上、下限值确定的定义域取值相一致（即建筑高度最大或最小），本文统一假设"绿化指标—容积率（GF）"约束模型的上限值为 S_{X2} 总面积的 12 倍左右，下限值为 S_{X2} 总面积的 4 倍左右，那么，对于"绿化指标—容积率（GF）"约束模型的上限值来说，实质上增加到"日照间距系数—容积率（AF）"约束模型限定的地块范围内并仍然能保证 1/3 组团公共绿地面积在标准日照阴影线范围之外的实际地块面积为 $12S_{X2}$，而对于"绿化指标—容积率（GF）"约束模型的下限值来说，实质上增加到"日照间距系数—容积率（AF）"约束模型限定的地块范围内并仍然能保证 1/3 组团公共绿地面积在标准日照阴影线范围之外的实际地块面积为 $4S_{X2}$。

与此同时，如果居住组团地块内的道路是均质分布的，那么，从现实角度来说，为了使居住组团的功能构成更加完善，上述增加的 $4S_{X2}$ 或者 $12S_{X2}$ 的地块中必然还要将最大占总用地 15% 的组团级道路用地考虑在内，只有这样才能使总的居住组团级道路确保在规范规定的范围内。因此，增加到居住用地"日照间距系数—容积率（AF）"约束模型限定的地块范围内并仍然能保证 1/3 组团公共绿地面积在标准日照阴影线范围之外的实际地块面积可以最终确定为 $4S_{X2} \times (1 + 15\%) = 4.6S_{X2}$（下限值）以及 $12S_{X2} \times (1 + 15\%) = 13.8S_{X2}$（上限值）。下文将重点以城市新建居住用地"绿化指标—容积率（GF）"约束模型的上限值确定为例，来探讨绿化条件约束下的居住用地容积率最大值的取值问题。

根据上文的分析结果，"绿化指标—容积率（GF）"约束模型上限值的研究用地面积就变成了 $S_X = S_{X1} + 13.8S_{X2}$，此时的用地面积就代表着能确保在满足基地内日照标准的基础上，有 1/3 组团公共绿地面积在标准日照阴影线范围之外。与此同时，相对于"日照间距系数—容积率（AF）"约束模型的上限值来说，虽然"绿化指标—容积率（GF）"约束模型上限值对应的总用地面积有了增加，但由于增加的仅仅是组团公共绿地和道路，因此居住人口、总建筑面积将不会发生改变，故而会有：

$$A = A_1 = AF_{max}S_{X1} \qquad (5\text{-}5)$$

$$N = N_1 = AF_{max}S_{X1}/30 \qquad (5\text{-}6)$$

根据《城市居住区规划设计规范》GB 50180—93，组团层面的人均公共绿地面积 $M_P = 0.5$，那么就有：

$$S_p = M_P N = 0.5N \qquad (5\text{-}7)$$

式中，S_p 表示居住组团内总的公共绿地面积，进一步将公式（5-6）代入公式（5-7）可得：

$$S_p = 0.5 AF_{max} S_{X1}/30 = AF_{max} S_{X1}/60 \qquad (5\text{-}8)$$

根据《城市居住区规划设计规范》GB 50180—93 规定的组团绿地的设置应满足有不少于 1/3 的绿地面积在标准日照阴影线范围之外的要求，则有：

$$S_{X2} = S_p/3 = AF_{max} S_{X1}/180 \qquad (5\text{-}9)$$

此时，"绿化指标—容积率（GF）"约束模型上限值对应的总用地面积就可以表示为：

$$S_X = S_{X1} + 13.8 S_{X2} = S_{X1} + 13.8 AF_{max} S_{X1}/180 \qquad (5\text{-}10)$$

将公式（5-5）与公式（5-10）进行合并，就可以得出居住用地"绿化指标—容积率（GF）"约束模型上限值的函数关系为：

$$F_{max} = A/S_X = AF_{max} S_{X1}/(S_{X1} + 13.8 AF_{max} S_{X1}/180) = 1/(0.077 + 1/AF_{max}) \qquad (5\text{-}11)$$

根据同样的道理，"绿化指标—容积率（GF）"约束模型下限值的研究用地面积就变成了 $S_X = S_{X1} + 4.6 S_{X2}$，对应的"绿化指标—容积率（GF）"约束模型下限值的函数关系为：

$$F_{min} = A/S_X = AF_{min} S_{X1}/(S_{X1} + 4.6 AF_{min} S_{X1}/180) = 1/(0.026 + 1/AF_{min}) \qquad (5\text{-}12)$$

通过公式（5-11）和公式（5-12）可以看出，城市新建居住用地"绿化指标—容积率（GF）"值域化约束模型是一个容积率指标随"日照间距系数—容积率（AF）"约束模型容积率变化而变化的函数，这就意味着居住用地"绿化指标—容积率（GF）"约束模型仅与地块内建筑平均层数和地块内的建筑密度有关，而与地块面积的大小没有必然的联系。同时，上述公式在数学上表现为一条以居住用地容积率 F 为因变量、居住组团的建筑密度 M 为自变量的对数函数（它实际上就是指数函数的反函数），其函数原型为：

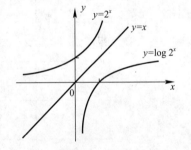

图 5-2 对数函数曲线原型
资料来源：笔者自绘

$$f(x) = \log_a x \qquad (5\text{-}13)$$

公式（5-13）中的自变量 x 就代表居住组团的建筑密度 M，a 表示常数，由于在该模型中函数的常量 $a > 1$（在定义域上为单调增函数，并且上凸），那么在坐标系的第一象限内，函数值随自变量 x 的增大而增大，因此通过图 5-2 也可以得出以下结论：不论是对于城市新建居住用地"绿化指标—容积率（GF）"值域化约束模型的上限值还是下限值来讲，居住组团层面的居住用地容积率 F 在一定的定义域内是随着居住组团建筑密度 M 的增加而增加的。

5.2.3 居住用地"绿化指标—容积率（GF）"约束模型值域化控制

根据上文的分析，对于居住用地"绿化指标—容积率（GF）"约束模型来说，当自变量建筑密度 M 在 15%～40%（即 15%≤M≤40%）的定义域范围内，可以计算得出容积率的最大值与最小值。对于最大值来讲，所依据的是"日照间距系数—容积率（AF）"约束模型的上限值 AF_{max}，也就是说，当居住组团内的住宅建筑密度取 40%（$M=40\%$）、建筑平均层数为 35 层（$n=35$）时，"绿化指标—容积率（GF）"约束模型存在最大值 F_{max}，故而其上限值曲线的取值区间范围也可以定义为建筑平均层数为 35 层（$n=35$）时，居住用地容积率最大值随建筑密度在其定义域内的变化曲线。反之，当居住组团内的住宅建筑密度取 15%（$M=15\%$）、建筑平均层数为 4 层（$n=4$）时，"绿化指标—容积率（GF）"约束模型存在最小值 F_{min}，故而其上限值曲线的取值区间范围也可以定义为建筑平均层数为 4 层（$n=4$）时，居住用地容积率最大值随建筑密度在其定义域内变化的曲线。以上即为城市新建居住用地"绿化指标—容积率（GF）"约束模型的"值域化"控制范围。

综上所述，图 5-3 和表 5-3 分别反映了在居住组团建筑密度 M 取 15%～40%（即 $15\% \leqslant M \leqslant 40\%$）的定义域范围内，城市新建居住用地"绿化指标—容积率（GF）"约束模型最大值 F_{max} 曲线和最小值 F_{min} 曲线的变化情况。

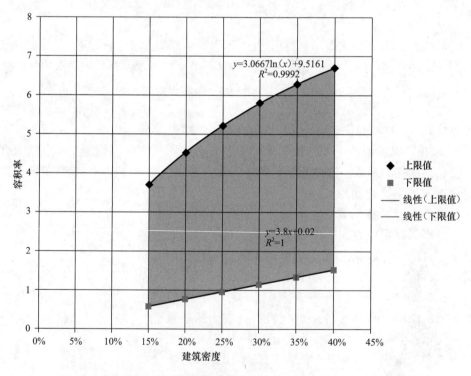

图 5-3　居住用地"绿化指标—容积率（GF）"约束模型上下限值曲线
资料来源：笔者自绘

居住用地"绿化指标—容积率（GF）"约束模型容积率随建筑密度变化表　　表 5-3

组团层面的建筑密度	容积率	
	F_{min}曲线	F_{max}曲线
15%	0.59	3.74
16%	0.63	3.91

续表

组团层面的建筑密度	容积率	
	F_{min}曲线	F_{max}曲线
17%	0.67	4.08
18%	0.71	4.24
19%	0.75	4.40
20%	0.78	4.55
21%	0.82	4.69
22%	0.86	4.83
23%	0.90	4.97
24%	0.94	5.10
25%	0.97	5.23
26%	1.01	5.35
27%	1.05	5.47
28%	1.09	5.59
29%	1.13	5.70
30%	1.16	5.81
31%	1.20	5.91
32%	1.24	6.01
33%	1.28	6.11
34%	1.31	6.21
35%	1.35	6.30
36%	1.39	6.40
37%	1.43	6.48
38%	1.46	6.57
39%	1.50	6.66
40%	1.54	6.74

资料来源：笔者自绘

从图 5-3 和表 5-3 可以看出，分别将 $M=40\%$、$M_P=0.5$、$n=35$ 代入公式（5-11）可以得出 $F_{max}=6.74$，同时，对于最小值来讲，分别将 $M=15\%$、$M_P=0.5$、$n=4$ 代公式 5-5 可以得出 $F_{min}=0.59$。不难发现，若要满足组团层面的人均公共绿地面积不少于 0.5 平方米/人的前提条件，那么，在居住组团层面的容积率指标就要满足 $F_{max}=6.74$，"绿化指标—容积率（GF）"约束模型的上限值曲线取值区间为（3.74，6.74），该容积率水平基本上能够满足目前城市居住用地内高密度开发建设的需要。同时，根据前文的分析，由于城市新建居住用地"绿化指标—容积率（GF）"约束模型和地块面积没有关系，这就意味着任何层面的居住用地都可以采用"绿化指标—容积率（GF）"约束模型的计算方式，只是需要将其中的人均公共绿地面积指标 M_P 用相应的值代替。

但需要说明的是，本研究所制定的居住用地"绿化指标—容积率（GF）"约束模型在自变量定义和选择的过程中没有考虑到《城市居住区规划设计规范》GB 50180—93（2002

年版）对居住组团层面人口规模的限定。如果以最大容积率 6.74 和最小容积率 0.59 为例，根据居住用地"绿化指标—容积率（GF）"约束模型的容积率指标在居住组团层面（即组团地块规模 S_X 在 4～6 公顷的定义域范围）反推相对应的人口规模和总的公共绿地面积，那么，结果就如表 5-4 所示。

居住组团层面容积率极限值对应的相关指标表　　　　　　　　　　表 5-4

地块面积（hm²）	容积率		总建筑面积（m²）		居住人口规模（人）		公共绿地面积（m²）	
	最大值	最小值	最大值	最小值	最大值	最小值	最大值	最小值
4	6.74	0.59	269600	23600	8987	787	4493.33	393.33
4.1	6.74	0.59	276340	24190	9211	806	4605.67	403.17
4.2	6.74	0.59	283080	24780	9436	826	4718.00	413.00
4.3	6.74	0.59	289820	25370	9661	846	4830.33	422.83
4.4	6.74	0.59	296560	25960	9885	865	4942.67	432.67
4.5	6.74	0.59	303300	26550	10110	885	5055.00	442.50
4.6	6.74	0.59	310040	27140	10335	905	5167.33	452.33
4.7	6.74	0.59	316780	27730	10559	924	5279.67	462.17
4.8	6.74	0.59	323520	28320	10784	944	5392.00	472.00
4.9	6.74	0.59	330260	28910	11009	964	5504.33	481.83
5	6.74	0.59	337000	29500	11233	983	5616.67	491.67
5.1	6.74	0.59	343740	30090	11458	1003	5729.00	501.50
5.2	6.74	0.59	350480	30680	11683	1023	5841.33	511.33
5.3	6.74	0.59	357220	31270	11907	1042	5953.67	521.17
5.4	6.74	0.59	363960	31860	12132	1062	6066.00	531.00
5.5	6.74	0.59	370700	32450	12357	1082	6178.33	540.83
5.6	6.74	0.59	377440	33040	12581	1101	6290.67	550.67
5.7	6.74	0.59	384180	33630	12806	1121	6403.00	560.50
5.8	6.74	0.59	390920	34220	13031	1141	6515.33	570.33
5.9	6.74	0.59	397660	34810	13255	1160	6627.67	580.17
6	6.74	0.59	404400	35400	13480	1180	6740.00	590.00

资料来源：笔者自绘

事实上，如果根据前文所言，《城市居住区规划设计规范》GB 50180—93（2002 年版）限定的组团层面的人口规模为 1000～3000 人，即 $N_{min}=1000$，$N_{max}=3000$，那么，在组团层面的公共绿地面积 $S_{pmina}=500$，$S_{pmaxa}=1500$。但研究发现，根据容积率最大值反推得出的人口规模（8987～13480 人）和公共绿地面积（4493～6740 平方米）都远远超出了规范的规定。换言之，如果对居住组团内的用地规模和人口规模都按照《城市居住区规划设计规范》GB 50180—93 进行限定，这就意味着居住组团内在满足人均公共绿地面积指标的前提下的最大容积率 F_{max} 要小于 2[1]（基本上为多层住宅和中高层住宅的容积率上限水平），这不仅与目前市场经济条件下城市居住用地高密度开发建设的实际情况不符，也与目前在国家层面提出的城市土地集约化利用等相关政策相违背。

---

[1] 在满足《城市居住区规划设计规范》GB 50180—93 对人口规模的限定的前提下，对于容积率指标的计算方法与计算过程和前文完全相同，故而本文在此不再进行详细赘述。

　　笔者认为，城市新建居住用地"绿化指标—容积率（GF）"约束模型最大值约束下的人口规模远远超出规范规定的主要原因在于现行的《城市居住区规划设计规范》GB 50180—93 对于组团层面的人口规模限定太低，从而导致在规范规定的人口规模前提下，居住组团自身的最大容积率也只能控制在 1.6 左右，如果要满足居住组团层面的人均公共绿地面积指标，其最大容积率必然在此基础上进一步降低，从而使相应的容积率指标无法满足目前城市新建居住用地开发建设的需要。该问题也从另一方面说明，从该规范产生的时代背景来看，颁布并实施于 1990 年代初期的《城市居住区规划设计规范》GB 50180—93 更多地借鉴了苏联模式而存在一定的"计划"色彩，当时虽然国内也有部分大城市出现了高层住宅，但对于绝大部分城市来说，大部分的居住用地开发仍然处在多层、中高层住宅的建设阶段，在这样一种现实的土地开发状态下，很难出现较高的容积率。

　　除此之外，随着建筑技术的进步和城市土地价格的不断攀升，进入新世纪以后，高层住宅逐渐成为城市居住用地内住宅开发建设的主流，但《城市居住区规划设计规范》GB 50180—93 所制定的各项标准和控制指标一直沿用至今，没有进行相应的调整和修改，故而在现实中出现了越来越多的不适应性（孙鹏，2007 年；李飞，2012 年）。因此，为了确保城市新建居住用地"绿化指标—容积率（GF）"约束模型的现实性和可操作性，鉴于现行的《城市居住区规划设计规范》GB 50180—93 所存在的问题，本研究将不考虑规范中所限定的居住组团层面的人口规模这一约束条件。

　　与此同时，从城市新建居住用地"绿化指标—容积率（GF）"约束模型的最小值 F_{min} 曲线来看，在居住组团建筑密度 M 取 15%～40% 的定义域范围内其容积率取值范围在 0.59～1.54 之间，在指标上远远低于目前居住用地实际开发的容积率，因此，在实践中不会有过多的指导性意义。但从理论上来讲，为了确保在居住组团层面有一定的人口规模和建筑总量来支撑相应的公共服务设施，即人口规模下限值对应容积率下限值，因此也有必要对居住用地"绿化指标—容积率（GF）"值域化约束模型的最小值进行控制。此外，从表 5-4 也可以看出，"绿化指标—容积率（GF）"约束模型下限值在组团地块面积 4～5 公顷的范围内所对应的人口规模要低于 N_{min}=1000 人的标准，考虑到居住组团最基本的人口规模保障，研究将居住组团内的人口规模下限按照 1000 人进行考虑，那么，其对应的总建筑面积 A=1000 人×30 平方米/人＝30000 平方米，故而其容积率下限值曲线的最小值在组团地块面积 4～5 公顷的范围内可修正为 30000 平方米÷40000 平方米＝0.75。从公共绿地的面积来看，只有当居住组团的地块面积为 4 公顷时才不能满足 S_{pmin}＝400 平方米的要求，并且 393.3 平方米的公共绿地面积与 400 平方米在数值上差别较小，故而在此可忽略不计。综上所述，修正后的居住组团层面容积率极限值对应的相关指标就可以如表 5-5 所示。

修正后的居住组团层面容积率极限值对应的相关指标表　　表 5-5

地块面积（hm²）	容积率		总建筑面积（m²）		居住人口规模（人）		公共绿地面积（m²）	
	最大值	最小值	最大值	最小值	最大值	最小值	最大值	最小值
4	6.74	0.75	269600	30000	8987	1000	4493.33	500.00
4.1	6.74	0.75	276340	30750	9211	1000	4605.67	500.00
4.2	6.74	0.75	283080	31500	9436	1000	4718.00	500.00
4.3	6.74	0.75	289820	32250	9661	1000	4830.33	500.00

续表

地块面积	容积率		总建筑面积（m²）		居住人口规模（人）		公共绿地面积（m²）	
（hm²）	最大值	最小值	最大值	最小值	最大值	最小值	最大值	最小值
4.4	6.74	0.75	296560	33000	9885	1000	4942.67	500.00
4.5	6.74	0.75	303300	33750	10110	1000	5055.00	500.00
4.6	6.74	0.75	310040	34500	10335	1000	5167.33	500.00
4.7	6.74	0.75	316780	35250	10559	1000	5279.67	500.00
4.8	6.74	0.75	323520	36000	10784	1000	5392.00	500.00
4.9	6.74	0.75	330260	36750	11009	1000	5504.33	500.00
5	6.74	0.75	337000	29500	11233	1000	5616.67	500.00
5.1	6.74	0.59	343740	30090	11458	1003	5729.00	501.50
5.2	6.74	0.59	350480	30680	11683	1023	5841.33	511.33
5.3	6.74	0.59	357220	31270	11907	1042	5953.67	521.17
5.4	6.74	0.59	363960	31860	12132	1062	6066.00	531.00
5.5	6.74	0.59	370700	32450	12357	1082	6178.33	540.83
5.6	6.74	0.59	377440	33040	12581	1101	6290.67	550.67
5.7	6.74	0.59	384180	33630	12806	1121	6403.00	560.50
5.8	6.74	0.59	390920	34220	13031	1141	6515.33	570.33
5.9	6.74	0.59	397660	34810	13255	1160	6627.67	580.17
6	6.74	0.59	404400	35400	13480	1180	6740.00	590.00

资料来源：笔者自绘

由于修正后 0.75 的下限值指标仍然处于居住用地"绿化指标—容积率（GF）"约束模型最小值 F_{min} 的 0.59～1.54 的取值范围内，因此修正后的模型不会对原有值域化模型的取值范围产生影响。

5.3 模型验证——西安市新建居住用地"绿化指标—容积率（GF）"约束模型建构及其适用条件分析

5.3.1 西安市新建居住用地"绿化指标—容积率（GF）"约束模型建构

从现行各类规范的法律地位来看，地方性规范应当以服从国家层面的规范和标准为原则，然而与其他代表"公共利益"的居住用地容积率影响因子所不同的是，各地方性规范中对绿化配置（基本上也是以绿地率和人均公共绿地面积两项指标为准）的要求均以符合《城市居住区规划设计规范》GB 50180—93 为原则，这就说明"绿化指标—容积率（GF）"值域化约束模型是一个通用的居住用地容积率单因子约束模型，对于国内任何一个城市新建居住用地的开发建设来说都是适用的。对于西安市来讲，《陕西省城市规划管理技术规定》中规定的绿化配置指标与《城市居住区规划设计规范》GB 50180—93 相同，即对绿地率作出 30％ 的下限规定，同时，在城市新建居住用地内，各层面（即居住区、小区、组团）公共绿地的配置也要满足《城市居住区规划设计规范》GB 50180—93 中相应的人均公共绿地面积指标。

根据前文的分析结果，西安市居住用地"绿化指标—容积率（GF）"约束模型上限值

$F_{\max}$ 的建构主要以人均公共绿地面积为影响变量。对于具体的技术路线而言，前文中所确定的数学模型是在一定的假设条件下确立的居住用地容积率和居住组团地块面积之间的函数关系，而在假设前提条件中最重要的就是将人均居住建筑面积指标 E_P 假设为 30 平方米/人的标准，即 $E_P=30$。但正如前文所言，事实上，国内目前的人均居住建筑面积还远远没有达到这一水平，地区差异性较大，并且在实际的模型检验阶段，由于所选取的西安市各新建居住用地样本的开发条件不同，规划条件也不同，那么人均居住建筑面积 E_P 必然也不会相同，故而该指标在此不能作为定值；同时，由于选取的各居住用地样本都是已批在建项目，都有非常明确的用地边界，故而对于在模型验证阶段的用地规模 S_X 而言，也应该根据具体审批通过的地块面积来决定；而对于组团公共绿地面积 S_P 而言，对其规模的限定就可以本章前文中所建构的约束模型为依据，即在满足日照条件约束下容积率最大值的基础上同时保证 1/3 组团公共绿地面积在标准日照阴影线范围之外。综上所述，西安市新建居住用地"绿化指标—容积率（GF）"约束模型的上限值 $F_{\max}$ 就可以变为：

$$F_{\max} = AF_{\max}S_{X1}/(S_{X1} + \alpha AF_{\max}S_{X1}/60E_P) = 1/(\alpha/60E_P + 1/AF_{\max}) \qquad (5\text{-}14)$$

式中，α 表示在标准日照阴影线范围之外将 1/3 组团公共绿地面积增加到"日照间距系数—容积率（AF）"约束模型限定的任何地块范围内以后，仍然会有部分绿化面积会进入到无法满足大寒日 2 小时日照标准的建筑阴影区范围内占的百分比系数，根据前文的分析，α 在建筑平均层数（4，35）的定义内存在的取值范围是（4，12），其他变量与模型建构阶段的意义完全相同。可见，对于西安市新建居住用地"绿化指标—容积率（GF）"约束模型来说，主要由 α 系数和人均建筑面积共同决定。

对于西安市居住用地"绿化指标—容积率（GF）"约束模型的下限值而言，根据《西安市城市规划条例》和《西安市城市规划审批办法》，在具体的居住用地项目审批过程中，不要求具体匡算出居住用地内的公共绿地范围及其面积指标，只要求计算出总的绿地面积（即绿地率）指标，故而研究选取的居住用地样本基础数据中不存在公共绿地面积，但是在《城市居住区规划设计规范》GB 50180—93 中，有具体的居住组团层面最小公共绿地规模的限定，因此本次研究假设在公共绿地面积最小的前提下（即保证样本地块内公共绿地的最小规模）对地块容积率进行计算，即根据居住组团层面的 $S_P=400$ 计算出相应的模型容积率下限值，那么该容积率对应的应该是西安市新建居住用地"绿化指标—容积率（GF）"约束模型的最小容积率 $F_{\min}$，具体的计算公式如下：

$$M_P = S_P/N \qquad (5\text{-}15)$$

$$F = A/S_X \qquad (5\text{-}16)$$

其中，M_P 表示组团层面的人均公共绿地（平方米/人）指标，在此，$M_P=0.5$，S_P 表示组团层面的公共绿地面积（平方米），在此 $S_P=400$，N 表示组团层面的人口规模，A 表示居住组团内的总建筑面积（平方米），S_X 表示组团的地块占地面积（平方米）。同时，如果用组团人口规模 N 和人均居住建筑面积 E_P 来表示总建筑面积，那么就有：

$$A = E_P N \qquad (5\text{-}17)$$

将公式 5-15、公式 5-17 代入公式 5-16 可得：

$$F = E_P S_P/S_X M_P = 800E_P/S_X \qquad (5\text{-}18)$$

从公式 5-18 可以看出，西安市居住用地"绿化指标—容积率（GF）"约束模型的下限值（即容积率指标至少要保障居住组团内 400 平方米的公共绿地）取决于人均住宅建筑面积和地块面积两个指标，并且下限值随着人均住宅建筑面积的增加而增加，随着地块面积的增加而减少。

5.3.2 基于"绿化指标—容积率（GF）"约束模型的西安市新建居住用地容积率调整建议

根据公式 5-14 和公式 5-18，对于研究所制定的西安市新建居住用地样本"绿化指标—容积率（GF）"约束模型进行计算并对结果进行分析、整理，如果居住用地样本的"绿化指标—容积率（GF）"约束模型容积率的最大值 F_{max} 和最小值 F_{min} 所形成的"值域"区间正好能够满足初始容积率 F_o 的要求（也就是说，居住用地样本的初始容积率正好位于"绿化指标—容积率（GF）"约束模型的值域区间内），即 $F_{min} < F_o < F_{max}$，那么，研究就认为样本居住组团的容积率指标是能够满足相应人均公共绿地面积指标的，即在现有的初始容积率状态下，开发地块内能够设置满足相应人口规模的公共绿地面积，同时确保有 1/3 组团公共绿地面积在标准日照阴影线范围之外。反之，如果居住用地样本"绿化指标—容积率（GF）"约束模型容积率的值域区间不能够满足初始容积率 F_o 的要求，即 $F_{min} > F_o$ 或 $F_o > F_{max}$，那么研究就认为该居住组团的容积率指标不能够满足相应人均公共绿地面积指标，开发地块内就无法设置满足相应人口规模的公共绿地面积，故而需要对初始容积率指标 F_o 进行调整与优化。

但是，根据本文的分析，对于容积率值域化模型的最大值而言，由于理论上的居住用地"绿化指标—容积率（GF）"约束模型是在"日照间距系数—容积率（AF）"约束模型的基础上经修正而得出的，而各居住用地样本的初始容积率指标基本上可以看作是基于日照分析的最大容积率，那么必然会存在 $AF_{max} > GF_{max}$。所以，对于选取的所有居住用地样本而言，必然全部都无法满足相应的公共绿地面积指标要求，故而需要对所有的居住用地样本的容积率上限值进行调整。同时，为了确保居住组团内至少 400 平方米的公共绿地所对应的开发强度下限，也有必要对该值域化模型的下限值进行控制。具体的调整结果如表 5-6 所示。

基于"绿化指标—容积率（GF）"约束模型的西安市新建居住用地容积率调整建议

表 5-6

编号	项目名称	用地面积（hm²）	总建筑面积（m²）	初始容积率	总人数	人均建筑面积	最大容积率	最小容积率
		S_x	A	F_o	N	E_p	F_{max}	F_{min}
1	样本 1	2.50	66611.0	2.50	1478	45.1	2.32	1.44
2	样本 2	3.33	3805.8	3.60	128	29.7	3.18	0.71
3	样本 3	3.34	135425.0	4.05	3885	34.9	3.36	0.83
4	样本 4	4.68	213429.0	3.50	4915	43.4	3.11	0.74
5	样本 5	2.27	94874.0	3.81	3213	29.5	3.25	1.04
6	样本 6	2.01	79898.0	3.98	1777	45.0	3.33	1.79
7	样本 7	5.33	118797.0	3.50	3360	35.4	3.15	0.53
8	样本 8	4.16	219525.0	4.90	5508	39.9	4.12	0.77
9	样本 9	9.07	275387.0	2.50	9549	28.8	2.41	0.25

续表

编号	项目名称	用地面积 （hm²）	总建筑面积 （m²）	初始容积率	总人数	人均建筑面积	最大容积率	最小容积率
		S_x	A	F_0	N	E_p	F_{max}	F_{min}
10	样本 10	7.72	27681.2	3.07	960	28.8	2.77	0.30
11	样本 11	2.00	84450.0	4.25	2675	31.6	3.68	1.26
12	样本 12	4.29	246425.0	4.93	7798	31.6	4.19	0.59
13	样本 13	3.85	110395.0	2.87	3459	31.9	2.55	0.66
14	样本 14	3.35	112222.0	3.35	3345	33.5	3.03	0.80
15	样本 15	3.30	188855.0	5.06	4719	40.0	4.34	0.97
16	样本 16	2.71	84125.0	3.50	2822	29.8	3.15	0.88
17	样本 17	9.50	232255.0	2.40	6938	33.5	2.22	0.28
18	样本 18	3.16	113540.0	3.59	3328	34.1	3.27	0.86
19	样本 19	3.55	169035.0	4.76	5440	31.1	4.01	0.70
20	样本 20	4.32	230140.0	5.30	7360	31.3	4.30	0.58
21	样本 21	3.72	144500.0	3.90	4333	33.3	3.28	0.72
22	样本 22	2.47	153900.0	6.23	3936	39.1	4.97	1.27
23	样本 23	6.71	232578.0	3.50	5805	40.1	3.15	0.48
24	样本 24	3.97	239837.0	5.30	5698	42.1	4.31	0.85
25	样本 25	3.88	103904.0	2.52	3501	29.7	2.35	0.61
26	样本 26	4.42	265000.0	6.00	8896	29.8	5.05	0.54
27	样本 27	3.53	85083.0	2.57	2522	33.7	2.40	0.76
28	样本 28	3.02	268735.0	7.59	8640	31.1	6.21	0.82
29	样本 29	2.93	85011.0	2.90	1923	44.2	2.41	1.21
30	样本 30	9.50	232255.0	2.40	7078	32.8	2.23	0.28
31	样本 31	4.48	293190.0	6.76	7904	37.1	5.18	0.66
32	样本 32	8.87	507170.0	5.72	16214	31.3	4.48	0.28
33	样本 33	5.65	269876.0	4.48	7485	36.1	3.89	0.51
34	样本 34	3.53	170775.0	4.84	5232	32.6	3.96	0.74
35	样本 35	2.71	58100.0	3.38	1958	29.7	3.12	0.88
36	样本 36	2.00	84450.0	4.25	2136	39.5	3.88	1.58

资料来源：笔者自绘

通过表 5-6 可以看出，经西安市新建居住用地"绿化指标—容积率 (GF)"约束
模型验证、调整后，所有居住用地样本的上限容积率指标都在初始容积率的基础上有了一
定的下降。受到确保 1/3 组团公共绿地面积在标准日照阴影线范围之外的约束条件影响，
当居住用地内的平均建筑层数和建筑密度较大时，下降调整的幅度较大；当居住用地内的
平均建筑层数和建筑密度较小时，下降调整的幅度相对较小。这就说明了对于高密度、高
容积率的研究地块而言，若要同时满足居住组团层面绿化配置在规模和日照两个方面的指
标要求，则需要在满足日照条件的基础上引入居住用地"绿化指标—容积率 (GF)"约束
模型进行验证，即在其他约束条件都保持不变的前提下，进一步通过降低容积率最大值的
方式来满足绿化配置的相关要求。

从各居住用地样本的最小容积率来看，0.25～1.58 的容积率水平基本上就能够确保

居住组团内至少 400 平方米的公共绿地指标。从现实来看,目前的城市居住用地开发在容积率指标上早已突破了这一水平,这也将使得"绿化指标—容积率 (GF)"约束模型的下限值在理论和实践中都具有一定的操作性意义。居住用地样本的地块面积越小,对应的容积率的最小值就越大,这也说明,相对而言,地块面积大的居住组团用地更容易实现在同一容积率水平下满足绿化配置的相关要求。

5.4 本章小结

本章重点研究和探讨了仅在绿化条件(人均公共绿地面积)影响下的城市新建居住用地容积率"值域化"约束模型的建构,并以西安为例对模型的适用性和合理性进行了验证。由于现行的《城市居住区规划设计规范》GB 50180—93 对居住组团内的公共绿地也提出了相应的日照标准,因此,研究认为,对于居住用地"绿化指标—容积率 (GF)"约束模型的建构应该在"日照间距系数—容积率 (AF)"约束模型的基础上进行调整和优化,故而实质上"绿化指标—容积率 (GF)"约束模型就可以看作是"日照间距系数—容积率 (AF)"约束模型的修正模型。

研究结果表明,若要满足组团层面的人均公共绿地面积不少于 0.5 平方米/人的前提条件,那么在居住组团层面的容积率指标最大值就要为 $F_{max} = 6.74$,居住用地"绿化指标—容积率 (GF)"约束模型的上限值曲线取值区间为 (3.74, 6.74),该容积率水平基本上能够满足目前城市居住用地内高密度开发建设的需要。所以,导致居住用地内,尤其是居住组团内公共绿地匮乏问题的主要原因还是在于住宅建筑的布局问题,并且地块面积大的居住组团用地更容易实现在同一容积率水平下满足绿化配置的相关要求。约束模型的 0.59~1.54 的下限值取值范围由于指标相对较小,故而在现实的开发建设中不具有指导意义。此外,研究发现,根据居住用地"绿化指标—容积率 (GF)"约束模型最大值反推得出的人口规模(8987~13480 人)远远超出了《城市居住区规划设计规范》GB 50180—93 对居住组团层面人口规模的限定,这就说明颁布于 1990 年代初期的《城市居住区规划设计规范》GB 50180—93 相对于目前的城市开发实际来说已经出现了诸多的不适应,亟待调整。

在实证层面,从对案例城市——西安市新建居住用地样本"绿化指标—容积率 (GF)"约束模型的验证和研究的结果来看,根据本文的分析,所有样本居住用地的上限容积率指标必然都会在初始容积率的基础上有不同程度的下降,因此,完全以正好满足日照间距条件为基础的样本地块初始容积率指标也必然无法满足绿化配置的要求,这也意味着"日照间距系数—容积率 (AF)"约束模型的上限值控制在此已经不能发挥控制作用,相比之下,"绿化指标—容积率 (GF)"约束模型更加能够体现居住用地开发的公共利益。因此,针对国内目前在居住用地的规划审批过程中被忽视的公共绿地配置问题,本章通过城市新建居住用地"绿化指标—容积率 (GF)"约束模型的建构,将会在技术上对组团层面居住用地内公共绿地的配置要求及其影响下的容积率指标提供一定的借鉴。

6   停车条件下城市新建居住用地容积率约束模型建构

近年来，随着我国私人汽车拥有量的不断攀升，各类建设用地对停车位的需求不断增大，特别是居住用地内的停车位供需关系矛盾一直得不到有效解决（刘永强等，2008；汪江等，2010）。对于像我国这样人多地少的国家来讲，如果能够高效、合理地按照相关要求和地方性的技术规定设置停车位，不仅在一定程度上解决了城市快速发展建设背景下停车位供需关系的矛盾，也能够使土地利用的效率达到最佳状态。

2000年，我国汽车销量首次突破200万辆；2009年，我国汽车产量和销量同时超过1360万辆，首次位列世界第一，成为世界第三个汽车年产量达到千万辆级的国家。因此，随着我国私人汽车保有量的逐年增加，加之城市土地价值的不断提升所催生出的高密度、高容积率的居住用地开发状态，众多城市社会经济活动高度活跃的地区提供停车场和停车位的能力早已无法满足实际停车需求。对于居住用地来讲，越来越多的私家车出现，使得居民对小区内停车位的需求持续增长，但设置过多的地面停车位会使得传统宁静的居住环境和人文景观受到破坏，于是人们不得不考虑利用地下空间停放私人小汽车的问题，因此，在小区公共建筑、小区道路、小区公共绿地的地下空间修建一层或多层地下停车库以满足大量停车需求势在必行，从各地出台的相关规范和技术标准也可以看出对停车位指标的要求越来越严格。

与此同时，提高停车位配置的标准会增加停车位的占地面积，而居住用地内，不论是地面还是地下，能够提供停车位的空间是有限的，这将会在一定程度上影响地块的开发强度，即容积率指标。但作为体现居住环境开发建设公共利益的指标之一，满足小区居民最基本的停车需求是保障小区设施更加完善、增加居民方便性的前提条件。如何协调二者之间的平衡关系，并在此基础上探索、寻找出停车位约束条件影响下的居住用地容积率极限值是本章研究的重点。

6.1   居住用地停车场的分类及适用条件

6.1.1   路内停车场

路内停车场系指占用居住用地地块内部小区级和组团级道路两边指定的地段停放机动车，从而作为居住用地内的地面停车和临时性停放车辆的场地（图6-1）。其优点是与居住用地内相关等级的道路结合紧密，设置简单灵活，汽车出入方便；但其弊端也是非常明显的，主要是占用大量的道路，车流受阻，交通秩序混乱，管理不便，小区居民的交通安全受到威胁，特别是会对小区居民生活或者外出造成不便。路内停车场可在城市规划和物业管理等有关部门的指导下，在尽可能减少对交通造成干扰的前提下，按停车的需要，有选择或分时段地设置于居住区、居住小区以及居住组团的机动车道上。

图 6-1　路内停车方式示意
资料来源：image. baidu. com

路内停车场是一种临时性的停车解决方案，由于需要占路设置，并影响居住用地内的交通，故而应该在严格的规划和管理下控制其发展，特别是在机动车数量迅速增长的前提背景下，未来应对其积极地加以限制或取缔。在一些营利性的地块（主要指 R 类的居住用地和 B 类的营利性商业设施用地）内部，由于其道路等级本身就比较低，宽度较窄，并且很多内部道路都结合消防通道来进行整体设计考虑，所以，如果仍然使用路内停车场进行停车的话，将会带来诸多问题。近年来，随着地下停车位、立体停车库的普遍使用，路内停车场将逐渐被其他停车方式所取代。因此，本次研究不考虑将路内停车场作为地面停车位的指标。

6.1.2　路边停车

路边停车场，系指不占用道路的独立置于室内或室外供车辆停放的专用停车场地，分为：

（1）自行式停车场

自行式平面停车场一般指广场型的停车场，是一种相对简单、投资较少的停车场布局形式，只要有一块平整的土地，稍加整理、标识或管理，即可成为停车场，是停车场的基本布局形式。其主要优点是在拥有闲置土地的情况下可节省投资，主要弊端是管理上有诸多不便，土地空间不能充分得到利用，会对地面土地的开发强度造成一定的影响。对于居住用地来说，在居住小区内设置一定规模的地面停车场，虽然能够方便小区居民的停车，但其不仅占用了大量的用地，而且对于居住环境的景观也会造成一定的破坏。对于营利性商业设施用地来说，设置过多的地面停车将会对大量人流造成影响，特别是会造成在城市中用地紧张、停车需求大的地段综合经济效益低下。因此，自行式平面停车场一般适于在用地相对宽松的地区设置，而且尽可能地避免进行集中设置，常见的设置方法是沿路边进行设置（图 6-2）。对于居住用地来说，一般会在居住小区级和组团级道路的路边进行停车。

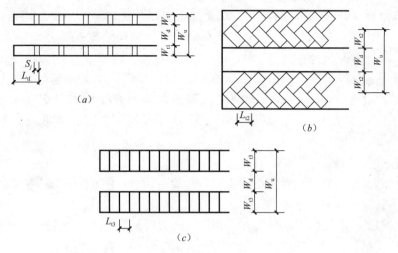

图 6-2 常见路边停车方式
资料来源：佳隆等. 都市停车库设计 ［M］. 杭州：浙江科学技术出版社，1999：37

自行式立体停车场系指将"停车空间"多层重叠，可分为楼房式（图 6-3）和钢结构装配式（图 6-4）两类。

图 6-3 楼房式立体停车场
资料来源：image. baidu. com

图 6-4 钢结构装配式立体停车场
资料来源：image. baidu. com

自行式立体停车场适于建设大规模的停车场。与后文中提到的机械式停车场相比，车位的建设费用、维护费用较低，对土地与外部空间的利用率也相对较低。楼房式立体停车场建设周期较长，需要一定的占地面积，一次性投资较大。四层以下的自行式立体停车场，因进出车时间较短，用户比较喜欢使用。在自行式停车场中，用户不必担心由于机械设备的原因使车辆受损或不能存取车辆；而钢结构装配式的停车场建设周期短，投资相对低，可转场异地使用。因此，自行式立体停车场一般会作为独立的用地类型［按照《城市用地分类与规划建设用地标准》GB 50137—2011 所规定的社会停车场用地（S42）］出现在城市中停车需求较大的场所附近，例如商业中心、交通枢纽等，而在居住用地内，出于采光、日照、环境、景观等多方面因素考虑，不适宜建设该种停车场地。

（2）机械式停车场

该类型的停车场系指停车场完全由机械停车设备构成（图 6-5），因其独特多样的停车方式有很强的适应性，具有占地面积小、类型多样的特征。机械式停车场可根据场地的特点、使用需要灵活设置，既可以大面积使用，也可以因地制宜，见缝插针，还能够与其他停车方式结合实施，自动化程度高，操作方便，易于管理，在某些条件下是惟一能够定量存车的方法。目前在我国居住用地土地资源相对紧张的前提下，选择停车需求集中的地点进行机械式停车是解决停车难问题的比较经济有效的措施之一。但是，随着人们对居住环境品质要求的不断提高，地面机械式停车场（库）会对居住小区的环境品质造成破坏，并且存在着一定的噪声干扰，而随着城市以及居住小区内地下空间开发技术的不断加强，越来越多的机动车已经停在了地下（近 90%），留给地面的停车指标完全可以采用相对简单、投资较少的自行式停车方式来满足。

图 6-5　机械式停车场

资料来源：image. baidu. com

6.1.3　地下停车

随着社会经济，特别是建筑施工技术的大力发展，在城市开发建设过程中，对地下空间的利用已经成为未来城市用地向立体化、集约化发展的主要趋势，其中又以在居住用地内设置地下停车位的利用方式最为普遍。早期我国居住小区内的地下车库最常见的形式是附建于多层和高层住宅下的地下或半地下结构，这种形式的地下车库，由于住宅较密的柱网结构控网，常常把地下停车库分隔成零散的片区，停车效率大大降低，库内车道也不够简洁通畅，且占用大量的可居住空间，不易形成人车分离而易造成相互干扰、环境污染甚至交通安全问题，在未来停车库的发展过程中，其必然会逐渐向大型化、社会化、高科技化方向发展（侯俊杰等，2009 年）。随着人们生活水平的提高，居住小区的设计往往都体现着"以人为本"这一思想，几乎所有新建和在建的居住小区都会有大面积的绿地广场，并且在规模上也有明确的要求，因此可以考虑在不影响其上部功能的前提下，开发利用以居住用地绿地地下空间为主的地下停车场。

开发利用居住小区绿地地下空间作为停车场，可高效利用土地，在绿化量增加的同时通过增加停车面积来节约用地。地下停车场的上部覆土层可以满足绿化的要求，车库局部可以开通多种形式的通风采光井，并搭配合理的建筑形体与整个绿地融为一体，构成功能齐全且环境优美的居住区环境。地下停车场的面积定额指标可以根据相关规范和居住用地内停车率的要求进行统计、计算得到。此外，针对居住用地来讲，根据《城市居住区规划设计规范》GB 50180—93，由于路面停车率只占到总户数的 10%，并且地面停车位的设置只可能对绿地率产生一定的影响，与该地块的容积率关系不大，而地下停车位受到柱网排布、层数、停放方式、防火等多方面综合因素影响，其在占地规模一定的前提下，数量的多少将会影响到小区内的居住规模（即用地规模和人口规模），进而会对地块的容积率产生直接的影响，因此，本章研究的核心——基于停车率指标条件的居住用地容积率约束模型的建构，重点在于探讨研究居住用地地下停车位和容积率之间的相互约束关系。

6.2　居住用地地下停车位设置的影响因素分析

6.2.1　车辆停放方式

由于居住用地内地下停车场的场地形状、面积各不相同，所以车辆停放的方式也会多种多样。汽车在地下停车库内的停放方式不仅对车库平面布局有一定的影响，并且停放方式的不同也会影响到停车位数量的多少、通车道的尺寸大小等设计问题。此外，停放方式的不同还会对地下停车库的高效使用和经济成本造成影响，因为地下停车库的造价要比相同面积的地面部分住宅和其他建筑造价高出很多。所以，如何有效利用每一块地下空间至关重要，如前文所述，地下空间的合理使用也将会影响到居住用地的容积率指标。地下停车库的车辆停放方式概括起来有以下几种方式：

（1）平行式停车（图 6-6）

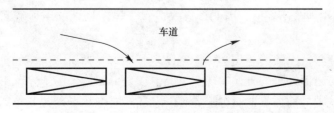

图 6-6　平行式停车

资料来源：关宏志等. 停车场规划设计与管理 [M]. 北京：人民交通出版社，2003：96-97.

平行式停车指车辆平行于通道方向停放，这种方式占用的停车带较窄，车辆进出方便、迅速，但单位长度内停放的车辆最少。在停车需求量比较大，并且在技术上没有以标准车位设计或沿边布置时，可以采用这种方式。

（2）垂直式停车（图6-7）

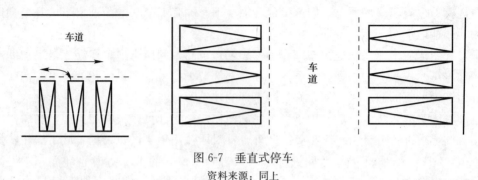

图 6-7　垂直式停车
资料来源：同上

垂直式停车是指车辆垂直于通道方向停放，这种方式单位长度内停放的车辆最多，可以实现停车用地的紧凑化、集约化，但所需要的停车带和通道比较宽，需要的柱网尺寸也比较大。这种方式在布置时可以采取两边停车的方式，合用中间的一条通道，因此适合规整紧凑的车位布置，在设计中经常使用。

（3）斜列式停车（图6-8）

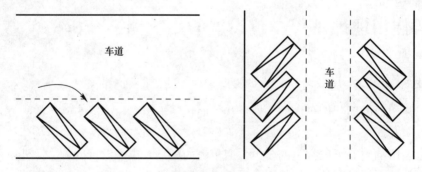

图 6-8　斜列式停车
资料来源：同上

斜列式停车指车辆与通道成夹角式的停放方式，这个夹角一般可分为30°、45°和60°三种，其特点是停车宽度随车身和停车角度而异，车辆停放比较灵活，对其他车辆的影响较小。车辆驶出或者停放方便、迅速，但与垂直式停车相比单位停车面积占地较大，尤其是30°斜列式停车用地最不经济，因此该方式适宜于停车场地的用地宽度和地形条件受限制时使用。

（4）交叉式停车（图6-9）、扇形停车（图6-10）

交叉式停车与扇形停车的方式在现实情况中较为少见，仅用于停车用地空间非常狭小或者用地边界不规则的前提下，而对于具有一定规模的停车场，尤其是地下停车场，则不适用于以上两种方式。

本次研究假定城市新建居住小区的地面、地下停车方式均为垂直式停车。

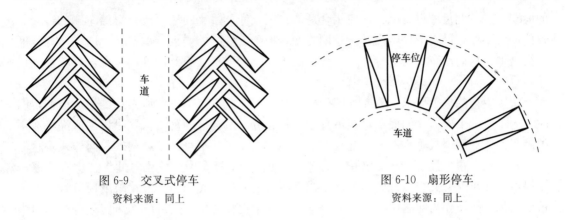

图 6-9 交叉式停车
资料来源：同上

图 6-10 扇形停车
资料来源：同上

6.2.2 地下停车库的结构

一般而言，地下停车库的结构可以根据地下停车库与住宅建筑的关系，分为单建式地下停车库和附建式地下停车库两种类型。

（1）单建式地下停车库——多层住宅

如果居住用地内的住宅以多层建筑为主，那么该地块内的地下停车库宜采用单建式地下停车库，因为多层住宅建筑在结构上多采用砖混式或者框架式结构，在基础设置上一般为浅埋型基础（如条形基础、柱基础等），其在地下部分的深度有限，因此在工程上很难与地下停车库进行有效结合。对于居住用地来说，如果采用单建式地下停车库，可能会导致地下停车库的服务半径过大，但如果设计合理巧妙，也可以使居民在停车经过一段景观道路后入户，增加居民对居住小区的认同感和归属感。此外，单建式地下停车库结合合理的小区道路系统组织也可以增加小区居民之间的交流和沟通机会，有利于增进邻里关系。

单建式地下停车库一般有规整的柱网布置，停车空间较为完整，其上部一般没有建筑，结构荷载主要来自上部的种植覆土，柱网的选择有利于最优化。

（2）附建式地下停车库——小高层及高层住宅

居住小区高层住宅的结构体系多为框架剪力墙结构，其要求的基础埋深一般不小于建筑高度的 1/12，所以高层住宅基础埋入地下的部分比多层住宅深，更有利于和地下停车库结合使用。为了方便住户停车取车，地下停车库应与住宅建筑紧密结合。但对高层住宅建筑来说，其开间和进深都比较小，框架柱网也不太规整，加上剪力墙直接落在基础上是其不利因素，为了解决这一问题，在实际操作过程中，经常通过设置变形缝的方式使地下停车库与住宅建筑在结构上相分离，但在空间上相联系。

对于高层住宅来说，其结构体系相对而言比较复杂，在平面上没有大面积的空间可用于停车，所以经常把高层住宅的地下室作为人防地下室设施，同时住宅建筑的垂直交通部分直接通到地下停车库，使小区的居民可以直接从地下车库进入住宅，可见，附建式地下停车库的好处在于缩短了步行交通距离。

（3）地下停车库的柱网

居住用地地下停车库的柱网布置，应以满足停车位和车道尺寸的基本要求为依据，同时须兼顾以下几点（李雅芬，2010 年）：①确保有足够面积的行车、停车空间，避免车辆之间的碰撞损坏；②留有一定的使用灵活性；③结构要经济、合理；④尽量减少不可利用的面积；⑤柱网尺寸尽量统一，使用合适的柱网尺寸。过小的柱网尺寸会给车辆的行驶和停放造成不便，过大的柱网尺寸虽使用方便，但随着柱距的增大，地下车库屋盖结构厚度也会增加，从而使车库的造价升高，会造成不必要的浪费。因此，确定一个合理的柱网尺寸很重要。

按照现行的规范要求，若要计算得出各种停车方式下每个车位所占用的最小面积，同时也为了使地下停车库的面积得到最有效、最充分、最合理的利用，要尽量采取经济适用的停车方式。后退式垂直停车方式与其他停车方式（包括平行式、斜列式、前进式垂直停车）相比较有很多优点（在后文中详述），适合在地下停车库中使用。此外，垂直式停车布局不仅使车库平面规整有序，车辆流线简明直观，最主要的是，最大限度地节省了停车占地面积，故而在当前居住小区地下停车库设计中比较常见，是目前在居住小区规划当中常用的停车方式。因此，只有在分析每种停车方式所占用的最小车位面积的基础上，才能在设计初进行规划时从经济、适用的角度出发，实现有限空间内地下停车库停车位数量的最大化。

对于后退式垂直停车的方式（假设柱子的水平截面尺寸为最常见的 0.5 米×0.5 米），经验显示，停 2 辆机动车的柱网尺寸宜为 5.5 米，停 3 辆机动车的柱网尺寸宜为 8.1 米，这样的尺寸既能满足停车要求，又不会造成停车面积的浪费。因此，按照规范要求小型车通车道最小宽度为 5.5 米（假设柱子尺寸为 0.5 米×0.5 米）的基本模数，以通行道最小值为设计原则，结合 5.5 米和 8.1 米的柱网尺寸，对停车形式进行组合，对于柱网布置相对自由的单建式地下停车库，则可以得出三种常见的柱网尺寸布局形式（图 6-11）。

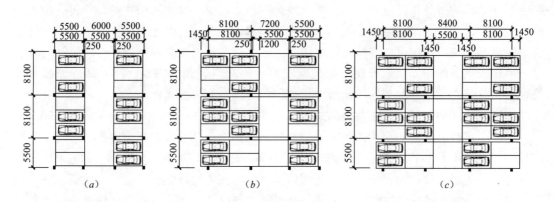

图 6-11 地下车库常见的三种经济型柱网尺寸

资料来源：李雅芬. 当前居住小区地下停车库规划与设计的优化研究 [D]. 西安：西安建筑科技大学硕士学位论文，2010：52.

综上所述，在本研究中，考虑到在满足停车位数量最多的前提下进行居住用地容积率指标计算，意味着相同停车面积下，停车位数量越多，在其约束下容积率的极限值就越能够达到最大或最小，故在下文所确立的相关模型中，研究假设地下停车库的柱网尺寸为最经济状态下的 5.5 米和 8.1 米两种形式及其组合为前提。

6.2.3 人防设施、设备用房与市政管线的影响

国家制定的《中华人民共和国人民防空法》明确规定：城市新建的民用建筑，按照国

家有关规定修建战时可用于防空的地下室；同时，人民防空工程建设的设计、施工、质量必须符合国家规定的防护标准和质量标准。可见，包括住宅建筑在内的民用建筑，在设计与建设过程中必须配套建设相应的地下人防设施。从各地方的实践来看，相关的地方性实施细则中也明确提出了地下人防设施的建设标准和建设规模。

从整体上看，各地的实施细则中均考虑到了高层建筑结构形式对地下停车空间的限制，为了提高地下停车空间的使用率和车库行车的通畅，可将不适合停车的高层住宅下部空间设计为平战结合的人防地下室、设备用房，而对于多层住宅来讲，虽然其地下空间相对较为规整，但考虑到人防设施建设的需要，一般也以人防设施为主。例如陕西省颁布的《陕西省实施〈中华人民共和国人民防空法〉》中的第九条规定：县级以上城市（含县城）新建民用建筑，按照下列规定修建防空地下室：（1）新建十层（含十层）以上或者基础埋深三米（含三米）以上的民用建筑，按照地面首层建筑面积修建六级（含六级）以上防空地下室；（2）新建除第（1）项规定和居民住宅以外的其他民用建筑，地面总建筑面积在两千平方米以上的，按照地面建筑面积的百分之二至百分之五修建六级（含六级）以上防空地下室。《湖南省实施〈中华人民共和国人民防空法〉办法》第十四条也规定了城市新建民用建筑应当根据国家和省人民政府的有关规定，按照地面建筑面积的一定比例修建战时可用于防空的地下室，并与地面建筑同步设计、施工，同时投入使用。

此外，为了节约用地，便于附属设施的整体利用，同时也保障地面以上居住环境的空间品质，居住区内的各种附属设备用房（变配电房、水泵房、公变房、生活水池、柴油发电机房、消防水池等，不包括车库进排风机房、消防控制室以及无实际用途的假设备房）也都会安排在地下空间进行统一布置。根据国内目前的相关经验，一般来讲，一个10万平方米建筑面积规模的住宅小区的设备用房占地面积大约为800平方米左右，也就是说每1平方米的住宅需要0.008平方米的小区设备用房（为了计算简便，研究将该值假设为0.01）。对于居住用地内的市政管网来说，室外管网一般埋设在小区地面以下（一般来说都会在小区内道路的两侧）、地下车库屋顶以上，以满足2000毫米的覆土要求，确保雨水管的最小排水坡度，室内管网一般吊设在地下车库一层的顶端，并在管道井处实现水平与垂直管网布置的转换，故而市政管网的布置对地下车库在水平方向的布局没有太大影响。按照上述做法，本文假设地下停车库的可用面积除住宅占地面积以外，还不包括占1%住宅总建筑面积的附属设施用地。

6.2.4　地下停车位的占地面积界定

按照现行的《城市居住区规划设计规范》GB 50180—93，居住用地一般由住宅用地（R01）、公建用地（R02）、道路用地（R03）和公共绿地（R04）构成。根据前文的分析，本次研究中的住宅地下作为人防地下室，不作为地下停车的空间，因此，居住用地中可用作地下停车的土地有道路用地、公共绿地和公共服务设施占地。但是，对于组团层面的公共服务设施来说，因其种类少、占地小，并且不用考虑占地规模较大的中学、小学、医疗等设施，所以居住组团内的公共服务设施占地规模对最终研究的结果影响不大，故可考虑将其地下空间也视为可开发用作停车的空间。

综合上述分析，本研究所界定的在一个组团层面居住用地内的可用地下停车场面积包含了各类公共绿地的占地面积，也包含了道路及其附属设施和各类公共服务设施及其附属设施的占地面积以及宅旁绿地、宅间绿地等，即按照最为理想的假定条件来看，地下停车库的占地面积为居住组团层面地块的净用地面积减去住宅的基底面积。

6.3 居住用地"停车率—容积率（KF）"约束模型建构

6.3.1 居住用地停车位设置影响因素的限定

（1）住宅建筑种类及层数限定

对于目前的大中城市来说，现行的住宅从类型上来讲主要是以面向社会的商品房为主。商品房在中国兴起于 1980 年代，它是指在市场经济条件下，具有经营资格的房地产开发公司（包括外商投资企业）通过出让方式取得土地使用权后经营的住宅，均按市场价出售。但与此同时，为了体现社会公平公正，关注中低收入阶层的住房需要，从"十一五"时期开始政府在城市中大量开发建设保障性住房。保障性住房是与商品性住房相对应的一个概念，保障性住房是指政府为中低收入住房困难家庭所提供的限定标准、限定价格或租金的住房，它通常是指根据国家政策以及法律法规的规定，由政府统一规划、统筹，提供给特定的人群使用，并且对该类住房的建造标准和销售价格或租金标准给予限定，起社会保障作用的住房。同时，保障性住房的土地往往以行政划拨的方式提供给开发主体，故而不论是从房屋价格还是地块的开发强度来看，都与市场秩序和区位竞争没有关系，这将导致该类型居住用地的容积率在一定程度上失去其"社会经济性"特征。与此同时，由于保障性住房本身就是一种公共利益的体现，其自身代表公共利益设施的配套标准也与商品房有很大的区别，无法在实践中与商品房在相关指标的控制上相提并论。

从住宅层数上来讲，我国城市住宅的层数经历了一个由低到高的过程，从新中国成立初期的 2、3 层逐步发展并于一定时期内稳定在以 6 层为主的建造模式上。到了 1980 年代初，高层住宅开始在国内主要大城市进行开发建设。住宅层数的增加伴随着城市居住用地短缺与人口持续增加的矛盾的日益加剧，并逐渐形成了两种主要的建造方式（舒平等，2002 年）：一是以 6 层住宅为主的居住小区，这种模式在 1980 年代占主导地位；另一种是多层住宅与高层住宅混合布局的模式，即多层加高层住宅混合布局的模式。随着社会经济的进一步发展和城市土地价格的不断攀升，从全国各地的实践来看，目前各类新建居住小区的平均层数都在 6 层以上，这不仅是平衡开发商对于土地投资和收益的最低限度，也是体现节约城市土地的一种发展趋势。

综合上述分析，并结合本研究的前提假设，本次研究所指的居住用地内住宅建筑类型仅以面向市场的商品房住宅为主，不包括别墅区、Townhouse 和保障性住房（包括经济适用房、廉租房、公共租赁房、限价商品房等），并且将居住用地内的住宅平均层数限定在多层及多层以上、总的层高限定在 100 米以内，即建筑平均层数 n 的取值范围是 $4 \leqslant n \leqslant 35$。

（2）汽车车型的限定

不同的汽车车型所占用的停车位面积是不相同的，我国现行的《汽车库建筑设计规范》JGJ 100—98 对汽车设计车型的外轮廓尺寸作出如下规定（表 6-1）：

汽车设计车型外廓尺寸   表 6-1

车型	外廓尺寸（m）		
	总长	总宽	总高
微型车	3.50	1.60	1.80
小型车	4.80	1.80	2.00
轻型车	7.00	2.10	2.60
中型车	9.00	2.50	3.20（4.00）
大型客车	12.00	2.50	3.20
铰接客车	18.00	2.50	3.20
大型货车	10.00	2.50	4.00
铰接货车	16.50	2.50	4.00

资料来源：《汽车库建筑设计规范》JGJ 100—98

上述各项指标并不是代表机动车的车身尺寸，而是外廓尺寸。在设计停车场时，除了必须考虑机动车的占地空间以外，还应当考虑停车后人员的乘降、货物装卸等需求，预留出一定的空间。对于居住小区的停车位来讲，其主要是为小区内居民的停车服务，所以不可能会有中型车以上的车辆在小区内停放，故而本次研究对汽车车型的限定为中型车（轴距一般是 2.6～2.7 米，车身长度一般为 4.5～4.8 米的一类车）、轻型车（最大总质量不超过 3500 千克的 M 类和 N 类汽车）、小型车（轴距一般在 2.2～2.3 米之间的车型）和微型车（轴距一般在 2～2.2 米之间的车型）。

（3）停车场用地面积限定

在对居住用地内所停车的车型进行限定后，要根据所停车型的最大尺寸来设计停车场的用地面积，根据《城市道路交通规划设计规范》GB 50220—95 的强制性要求，规定机动车停车场的用地面积，宜按当量小汽车停车位数计算。由于地下车库存在柱网、设备房、人防工程口部和剪力墙等结构构件，因此，地下车库的实际占地面积利用率不可能达到 100%。根据相关经验，地面停车场用地面积，每个停车位宜为 25～30 平方米；停车楼和地下停车库的建筑面积，每个停车位宜为 30～35 平方米。在《停车场规划设计规则》中所规定的小型汽车停车方式所对应的设计参数如表 6-2 所示。

小型车停车场设计参数   表 6-2

停车方式		垂直于通道方向的停车带宽（m）	平行于通道方向的停车带长（m）	通道宽（m）	单位停车面积（m²）
平行式	前进停车	2.8	7.0	4.0	33.6
斜列式	30° 前进停车	4.2	5.6	4.0	34.7
	45° 前进停车	5.2	4.0	4.0	28.8
	60° 前进停车	5.9	3.2	5.0	26.9
	60° 后退停车	5.9	3.2	4.5	26.1
垂直式	前进停车	6.0	2.8	9.5	30.1
	后退停车	6.0	2.8	6.0	25.2

资料来源：《停车场规划设计规则》

根据表 6-2 可以看出，不同的停车方式对应的停车带及其通道的长、宽均存在较大的差异，而根据前文的分析，垂直式停车是最节约用地的停车方式，这其中又可以分为前进式停车与后退式停车，二者的区别就在于所需要的通道宽度不同，从而导致单位停车面积的不同。鉴于本研究的重点在于在满足停车位的基础上确定居住用地容积率的最大值和最小值，并且考虑到地下车库的建设成本问题，可以选择单位停车面积最小的停车方式作为前提条件，因此研究假设所有的停车方式均为垂直式停车，取其中的最小面积，即后退式停车的单位停车面积为 25.2 平方米。

6.3.2 居住用地容积率与停车率的函数关系建构

不论是对于居住小区还是组团层面停车位的配建指标，《城市居住区规划设计规范》GB 50180—93 均以停车率 K（指居住区内居民的汽车位数量与居住户数的比率）和地面停车率 K' 两项指标来表示，那么，根据停车率的定义则有：

$$K = Q/P \tag{6-1}$$

$$K' = Q'/P \tag{6-2}$$

$$K'' = Q''/P \tag{6-3}$$

式中，Q 表示居住组团内总的停车位的数量（个），Q' 表示地面停车位的数量（个），Q'' 表示地下停车位的数量（个），K'' 表示地下停车率（个/户），P 表示整个居住组团内的总户数（户），并且《城市居住区规划设计规范》GB 50180—93 中也规定了居住用地内的地面停车率 K' 不宜超过 10%。因此，为了保障居住用地内的环境景观质量，也为了促进居住用地内地下空间的有效开发利用，本研究将取地面停车率的上限值 10% 作为约束条件，即 $Q'=0.1Q$，$K'=0.1$，那么则有：

$$Q'' = 0.9Q \tag{6-4}$$

$$K'' = 0.9K \tag{6-5}$$

以上公式只是对于居住用地停车率的概念性数学表述，并未建立停车率与容积率之间的数学关系。根据前文的分析与假设，居住组团地下停车库的占地面积 S_X'' 为居住组团的净占地面积 S_X 减去住宅占地面积（即建筑密度与居住组团的净占地面积的乘积 MS_X），由于地下设备用房的占地面积 $1\% S_X F$ 相比之下较小，对整体模型的影响较小，故而为了简化计算过程，研究假定在居住用地"停车率—容积率（KF）"约束模型的建构中不考虑该因素的影响，同时假设地下车库的层数为 a，且 $a=(1,2)$，那么地下停车库的占地面积 S'' 可以用公式表达为：

$$S_X'' = aS_X - aMS_X, a = (1,2) \tag{6-6}$$

在公式（6-7）中，M 表示居住组团的建筑密度，根据本研究的假设，有 $15\% \leqslant M \leqslant 40\%$，那么，地下停车位的数量 Q'' 可以表示如下：

$$Q'' = S_X''/\varphi = aS_X(1-M)/\varphi, a = (1,2) \tag{6-7}$$

同时，将公式 6-4 与公式 6-7 进行合并可以得出居住组团内总的停车位数量 Q 的函数表达式：

$$Q = S_X''/\varphi = aS_X(1-M)/0.9\varphi, a = (1,2) \tag{6-8}$$

在公式（6-8）中，φ 表示单个停车位的占地面积，即停车位的单位停车面积（单位：平方米），同时，a、φ 为常量，且根据前文的分析，$\varphi=25.2$，那么，该公式就变为了以居住组团内总的停车位数量 Q 为因变量，组团地块面积 S_X 和建筑密度 M 为自变量的数学模型。根据本研究的假设，$40000 \leqslant S_X \leqslant 60000$，$15\% \leqslant M \leqslant 40\%$，因此，通过进一步分析可知，当组团地块面积 S_X 取最大值、建筑密度 M 取最小值时，居住组团内总的停车位数量 Q 存在最大值 Q_{max}；当组团地块面积 S_X 取最小值、建筑密度 M 取最大值时，居住组团内总的停车位数量 Q 存在最小值 Q_{min}。将最大值 Q_{max} 和最小值 Q_{min} 分别用公式表达为：

$$Q_{max} = 60000a(1-15\%)/0.9 \times 25.2 = 2249a, a = (1,2) \tag{6-9}$$

$$Q_{min} = 40000a(1-40\%)/0.9 \times 25.2 = 1058a, a = (1,2) \tag{6-10}$$

公式 6-9 和公式 6-10 说明，当居住组团内只建设单层地下车库时（即 $a=1$），在一定的假设条件下，能够设置的停车位数量最多为 2249 个，最少为 1058 个；当居住组团内建设两层地下车库时（即 $a=2$），在假设条件下，能够设置的停车位数量最多为 4500 个，最少为 2116 个。

虽然通过上述公式能够计算得出在一定约束条件下的居住组团极限停车位数量，但并未涉及本研究的重点——城市新建居住用地的容积率 F，故而需要对上述模型进行进一步的变化。由于容积率 F 与居住组团层面的住宅总建筑面积 A 和地块面积 S_X 相关，而停车率函数中的总户数 P 也和住宅总建筑面积 A 相关，因此可以根据住宅总建筑面积这一变量在地块容积率和停车率之间建立数学关系函数如下：

$$P = A/G = FS_X/G \tag{6-11}$$

又因为 $K=Q/P$，所以公式 6-11 可以转变为：

$$Q = KFS_X/G \tag{6-12}$$

式中，自变量 G 表示居住用地内的户均建筑面积（单位：平方米/户），自变量 F 表示地块容积率，如用容积率 F 作为因变量来表示上述函数公式，可得：

$$F = GQ/KS_X \tag{6-13}$$

在公式 6-13 中，由于总的停车位数量 Q 和地块面积即组团用地规模 S_X 存在对应关系（即当总的停车位数量 Q 取最大值时，组团用地规模 S_X 也存在最大值；当总的停车位数量 Q 取最小值时，组团用地规模 S_X 也存在最小值），因此可以将 Q/S_X 视为常数。同时，由于停车率 K 的取值范围非常有限（按照国内的实践经验，基本上在 $0.5 \sim 2$ 之间），故而也可以将其视作常数，那么，公式 6-13 就可以变为以容积率 F 为因变量，户均建筑面积 G 在（80，120）定义域范围内为自变量的数学函数，并且当停车率 K 一定时，居住用地容积率 F 随着户均建筑面积 G 的变化而变化。

6.3.3 居住用地"停车率—容积率（KF）"约束模型值域化控制

对于具体的模型计算而言，由于存在自变量户均建筑面积 G 在其定义域内的区间值，因此居住用地"停车率—容积率（KF）"约束模型也是由一条容积率最大值和最小值曲线构成的"值域化"模型，即当停车位数量 Q 及其对应的组团用地规模 S_X 取最大值时，该模型的上限值曲线为：

$$F_{max} = GQ_{max}/KS_{Xmax} = 2249aG/60000K, a = (1,2) \tag{6-14}$$

对于居住用地"停车率—容积率（KF）"约束模型的最小值 F_{min} 而言，根据本研究对城市新建居住用地容积率"值域化"约束模型下限值的定义，即确保一定的人口及用地规模底线来支撑在居住组团层面的公共服务设施。因此，研究以《城市居住区规划设计规范》GB 50180—93 规定的居住组团 1000 户❶的规模下限为条件（即不论地块面积和建筑密度等变量如何变化，居住户数始终保持不变，此时对应的也是用地规模的上限，即 $S_X=60000$），在此基础上构建居住用地"停车率—容积率（KF）"约束模型的下限值曲线为：

$$F_{min} = GQ_{min}/KS_{Xmax}, a=1 \tag{6-15}$$

在公式 6-15 中，$Q_{min}=1000$，$S_{Xmax}=60000$，那么容积率最小值随户均建筑面积 G 在（80，120）定义域范围内的值域范围是（1.33，2.0），并且是不随地块的建筑密度而发生变化的。也就是说，若要确保居住组团内 1000 户的最小规模及其对应的停车位标准，在只建设单层车库的前提下，容积率指标至少要高于 1.33，否则将可能出现在 $40000 \leqslant S_X \leqslant 60000$ 的用地范围内，由于人口规模不足导致的公共设施无法有效利用的问题。

综上所述，公式 6-14 和公式 6-15 就代表了城市新建居住用地"停车率—容积率（KF）"约束模型的"值域化"控制范围，为了进一步说明模型的取值大小，图 6-12、图 6-13 和表 6-3 分别反映了在假定停车率为目前普遍采用的 $K=1$ 时，居住组团容积率最大值 F_{max} 曲线和最小值 F_{min} 曲线随户均建筑面积 G 变化的情况。

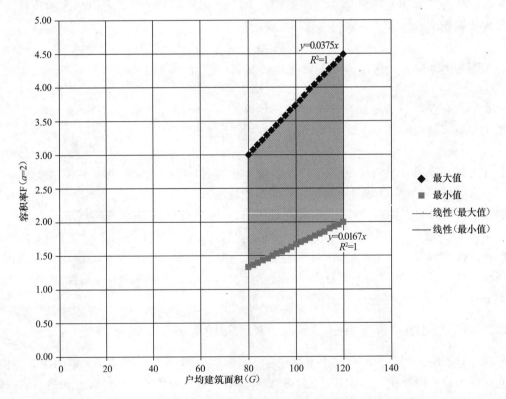

图 6-12   组团层面居住用地"停车率—容积率（KF）"约束模型上下限值曲线（$a=1$）

资料来源：笔者自绘

---

❶   根据《城市居住区规划设计规范》GB 50180—93 的规定，虽然 1000 户的标准是居住组团层面的居住户数上限指标，但根据前文的分析结果，300～1000 户的标准明显不能够满足目前城市居住用地实际开发建设的需要，故而在本研究中，考虑到现实开发的可能，将 1000 户的标准作为"停车率—容积率（KF）"约束模型建构中下限值的取值条件。

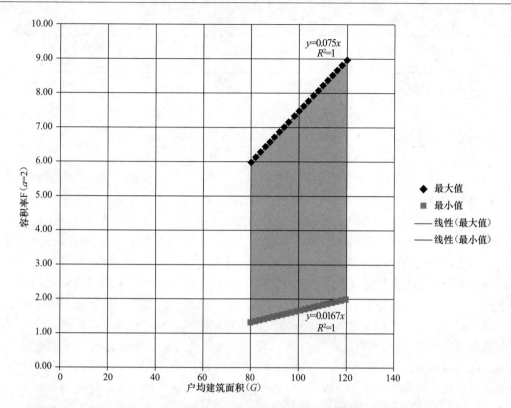

图 6-13 组团层面居住用地"停车率—容积率（KF）"约束模型上下限值曲线（a＝2）

资料来源：笔者自绘

居住用地"停车率—容积率（KF）"约束模型容积率随户均建筑面积变化表　　表 6-3

户均建筑面积 G 平方米/户	F_{max}		F_{min}	
	a＝1	a＝2	a＝1	a＝2
80	3.00	6.00	1.33	1.33
82	3.07	6.15	1.37	1.37
84	3.15	6.30	1.40	1.40
86	3.22	6.45	1.43	1.43
88	3.30	6.60	1.47	1.47
90	3.37	6.75	1.50	1.50
92	3.45	6.90	1.53	1.53
94	3.52	7.05	1.57	1.57
96	3.60	7.20	1.60	1.60
98	3.67	7.35	1.63	1.63
100	3.75	7.5	1.67	1.67
102	3.82	7.65	1.70	1.70
104	3.90	7.80	1.73	1.73
106	3.97	7.95	1.77	1.77
108	4.05	8.10	1.80	1.80
110	4.12	8.25	1.83	1.83

续表

户均建筑面积 G 平方米/户	F_{max}		F_{min}	
	$a=1$	$a=2$	$a=1$	$a=2$
112	4.20	8.40	1.87	1.87
114	4.27	8.55	1.90	1.90
116	4.35	8.7	1.93	1.93
118	4.42	8.85	1.97	1.97
120	4.50	9.00	2.00	2.00

资料来源：笔者自绘

从图 6-12、图 6-13 和表 6-3 可以看出，首先，居住用地"停车率—容积率（KF）"约束模型的所有构成曲线均为线性函数曲线（即函数原型为 $y=kx+b$，$b=0$），在数学上表现为居住用地容积率的上限值 F_{max} 和下限值 F_{min} 随户均建筑面积 G 呈正相关的增长趋势，说明在考虑停车位约束的前提下，户均建筑面积越大，居住用地内的容积率就越高。但根据国内目前住宅户型面积紧凑化、小型化、集约化的发展趋势，未来通过增大户均建筑面积来提高容积率的做法不符合国家相关政策的要求，同时过大的户均建筑面积也会造成套内使用空间的浪费，亟待通过其他更有效的方式对居住用地的容积率进行控制。

其次，通过公式 6-14 和公式 6-15 可以看出，如果将停车率指标 K 也作为变量来考虑的话，则居住用地的容积率与停车率指标 K 呈负相关关系。也就是说，若要提高居住用地的容积率指标，在其他作为自变量的因素都一定的前提下，可以采取降低停车率指标的方式来实现。但从国内目前普遍采用的停车率 $K=1$（即每户一个车位）的标准来看，基本上已经显现出停车位数量越来越无法满足住户停车需求的现象，并且随着我国城市居民未来汽车保有量的进一步增加，对于居住用地内停车率的控制要求只可能出现增加的可能，而不可能降低，即停车率 K 的取值应不断提高，所以通过降低停车率来提高居住用地容积率的方式在现实中也是不可行的。

再次，从具体的容积率数值来看，在户均建筑面积相同的情况下，地下车库层数 $a=1$ 约束下的居住用地容积率要小于地下车库层数 $a=2$ 约束下的居住用地容积率，并且二者在具体数值上相差一倍。特别是从地下车库层数 $a=2$ 约束下的居住用地容积率指标上限值区间可以看出，理想状态下 6~9 之间的容积率水平基本上可以完全满足和实现居住组团的高密度开发。可见，在户均建筑面积无法进一步提高的前提下，通过增加地下车库的层数也能够在一定程度上提高居住用地"停车率—容积率（KF）"约束模型的容积率上限指标，从而满足居住用地内的停车位设置要求。

最后需要说明的是，对于城市新建居住用地"停车率—容积率（KF）"约束模型的"值域化"控制来讲，根据上文的分析结果，其上限值 F_{max} 曲线基本上能够完全满足居住组团层面的开发；对于其下限值 F_{min} 来说，与本文对城市新建居住用地容积率下限值的控制目的相同，即确保在规定的用地规模前提下的开发建设总量来支撑居住组团层面相应的公共服务设施，因此可在地下车库层数 $a=1$ 的约束条件下，将确保居住组团内最少 1000 户的规模约束下的居住用地容积率值域区间（1.33~2）作为居住组团层面容积率的最小值控制。由于在低密度开发状态下不可能也没有必要建设双层地下停车库，故而研究只考虑地下车库层数 $a=1$ 时所对应的容积率下限值指标，而地下车库层数 $a=2$ 约束下的居住用地容积率下限值在此不具备控制意义，研究不予讨论。

6.4 模型验证——西安市新建居住用地"停车率—容积率（*KF*）"约束模型建构及其适用条件分析

6.4.1 西安市新建居住用地"停车率—容积率（*KF*）"约束模型建构

为了对本章所制定的居住用地"停车率—容积率（*KF*）"约束模型的可行性进行分析判断，即在满足案例城市西安市地方性停车率要求规定的前提下，城市新建居住用地容积率约束模型所确定的容积率"值域化"取值范围（特别是上限值）是否与初始容积率存在着差异，因此有必要对该"值域化"模型结合研究所选取的西安市新建居住用地样本进行验证。下文中以研究选定的 36 个西安市新建组团层面商品房居住小区样本为例对上文所制定的居住用地"停车率—容积率（*KF*）"约束模型进行验证。

陕西省住房与城乡建设厅于 2008 年颁布实施的《陕西省城市规划管理技术规定》中规定：包括西安市在内的全省范围内新建居住用地的机动车停车率指标为 $K_0 = 0.8$ 个/100 平方米建筑面积，但该指标与城市新建居住用地"停车率—容积率（*KF*）"约束模型中以户均建筑面积 G（户/个）影响下的居住用地容积率指标在量纲上有所差异，因此需要对"停车率—容积率（*KF*）"理论模型公式进行一定的转化。如果以 K 表示以户数为单位的停车率指标，K_0 表示以 100 平方米建筑面积为单位的停车率指标，那么就有：

$$K = Q/P \tag{6-16}$$

$$K_0 = 100Q/A \tag{6-17}$$

$$A = PG \tag{6-18}$$

在上述公式中，Q 表示居住组团内总的停车位的数量（个），P 表示居住组团内的总户数（户），A 表示居住组团内的总建筑面积（平方米），将公式 6-16、公式 6-17、公式 6-18 进行合并可得：

$$K = GK_0/100 \tag{6-19}$$

公式 6-19 表示了 K 与 K_0 之间的数学关系，将该公式代入到前文中所建构的城市新建居住用地"停车率—容积率（*KF*）"约束模型（公式 6-13）中，那么以户均建筑面积 G 来表示的停车位条件约束下的西安市新建居住用地"停车率—容积率（*KF*）"约束模型为：

$$F = GQ/KS_X = 100Q/K_0S_X \tag{6-20}$$

根据前文的分析，$K_0 = 0.8$，那么公式 6-20 就可以进一步简化为：

$$F = 125Q/S_X \tag{6-21}$$

在公式 6-21 中，根据各居住用地样本的用地面积 S_X（按照实际项目的净地块面积进行选取，根据西安市新建居住用地样本的选择条件，存在 $20000 \leqslant S_X \leqslant 100000$）、建筑密度 M（同样按照实际居住用地样本的建筑密度进行选取，不局限于 $15\% \leqslant M \leqslant 40\%$）、单个停车位的占地面积 φ 即停车位的单位停车面积（平方米/个），同时在确保 90% 的地下停车位的前提下，可以计算得出极限状态下的停车位数量，即：

$$Q = S''_X/\varphi = aS_X(1-M)/0.9\varphi, a = (1,2) \tag{6-22}$$

将公式 6-21 和公式 6-22 进行合并，可得：

$$F = 125a(1-M)/0.9\varphi \tag{6-23}$$

公式 6-23 即为西安市新建居住用地"停车率—容积率（KF）"约束模型，不难发现，由于《陕西省城市规划管理技术规定》中对停车率指标的规定是以 100 平方米建筑面积为单位，并非以户数为单位进行衡量，因此在公式 6-23 中仅有地块建筑密度 M 会对居住用地在满足停车位约束条件下的容积率指标产生影响，而本章前文中所制定的通用模型中对容积率产生影响的另一个指标——户均建筑面积在此则不会对居住用地样本的容积率产生影响。

6.4.2 基于"停车率—容积率（KF）"约束模型的西安市新建居住用地容积率调整建议

在选取的西安市城市新建居住用地样本的模型验证阶段，根据西安市居住用地样本"停车率—容积率（KF）"约束模型（公式 6-23），首先，通过样本居住用地的建筑密度分别计算得出在地下停车库层数 $a=1$ 和 $a=2$ 两种状态下的极限停车位数量及其对应的容积率指标。其次，通过对西安市新建居住用地样本"停车率—容积率（KF）"约束模型进行计算并对结果进行分析、整理，探讨比较不论在 $a=1$ 还是 $a=2$ 的状态下，如果居住用地样本的"停车率—容积率（KF）"约束模型容积率最大值 F（即最大停车位数量约束下的容积率）能够满足初始容积率 F_o 的要求，即 $F>F_o$，那么研究就认为该居住用地样本的容积率指标是能够满足相应停车位数量指标的（此时需要进一步讨论是在地下车库层数 $a=1$ 时满足还是在地下车库层数 $a=2$ 时才能够满足）。反之，如果居住用地样本的模型容积率的最大值 F 不能够满足初始容积率 F_o 的要求，即 $F<F_o$，那么研究就认为该居住用地样本的容积率指标是不能够满足相应停车位数量指标的，需要对容积率指标进行调整与优化。具体的调整结果如表 6-4 所示。

基于"停车率—容积率（KF）"约束模型的西安市新建居住用地容积率调整建议　表 6-4

编号	项目名称	用地面积（hm²）	初始容积率	初始停车位数	极限停车位数 $a=1$	极限容积率最大值 $a=1$	极限停车位数 $a=2$	极限容积率最大值 $a=2$	修正后容积率 F	建议车库层数 a
		Sx	Fo	KP						
1	样本 1	2.50	2.50	60	762	3.81	1523	7.62	●	1
2	样本 2	3.33	3.60	314	965	3.62	1929	7.24	●	1
3	样本 3	3.34	4.05	611	1203	4.50	2406	9.01	●	1
4	样本 4	4.68	3.50	826	1631	4.36	3262	8.71	●	1
5	样本 5	2.27	3.81	281	660	3.63	1319	7.26	●	2
6	样本 6	2.01	3.98	289	658	4.09	1315	8.18	●	1
7	样本 7	5.33	3.50	293	1739	4.08	3478	8.16	●	1
8	样本 8	4.16	4.90	1368	1460	4.39	2920	8.77	●	2
9	样本 9	9.07	2.50	718	3479	4.79	6958	9.59	●	1
10	样本 10	7.72	3.07	76	2519	4.08	5038	8.16	●	1
11	样本 11	2.00	4.25	447	646	1.83	1293	3.65	3.65	2
12	样本 12	4.29	4.93	1115	1393	4.06	2786	8.12	●	2
13	样本 13	3.85	2.87	564	1382	4.49	2765	8.98	●	1
14	样本 14	3.35	3.35	438	1089	4.07	2178	8.13	●	1

续表

编号	项目名称	用地面积（hm²）	初始容积率	初始停车位数	极限停车位数	极限容积率最大值	极限停车位数	极限容积率最大值	修正后容积率	建议车库层数
		Sx	Fo	KP	$a=1$	$a=1$	$a=2$	$a=2$	F	a
15	样本15	3.30	5.06	1268	968	2.14	1935	4.27	4.27	2
16	样本16	2.71	3.50	308	987	4.56	1975	9.12	●	1
17	样本17	9.50	2.40	1626	3414	4.49	6828	8.98	●	1
18	样本18	3.16	3.59	482	1109	4.39	2218	8.77	●	1
19	样本19	3.55	4.76	862	1260	4.44	2520	8.87	●	2
20	样本20	4.32	5.30	1611	1326	3.84	2651	7.67	●	2
21	样本21	3.72	3.90	12	1106	3.71	2211	7.43	●	2
22	样本22	2.47	6.23	943	830	4.20	1660	8.40	●	2
23	样本23	6.71	3.50	1527	2269	4.23	4538	8.45	●	1
24	样本24	3.97	5.30	1084	1302	4.10	2605	8.20	●	2
25	样本25	3.88	2.52	130	1281	4.13	2563	8.26	●	1
26	样本26	4.42	6.00	1782	1442	4.08	2884	8.16	●	2
27	样本27	3.53	2.57	741	1267	4.49	2534	8.97	●	1
28	样本28	3.02	7.59	1201	903	3.74	1806	7.47	7.47	2
29	样本29	2.93	2.90	430	979	4.18	1959	8.36	●	1
30	样本30	9.50	2.40	1626	3414	4.49	6828	8.98	●	1
31	样本31	4.48	6.76	1388	1336	2.08	2671	5.15	5.15	2
32	样本32	8.87	5.72	2695	2499	3.52	4998	7.04	●	1
33	样本33	5.65	4.48	1350	2055	4.55	4110	9.09	●	1
34	样本34	3.53	4.84	817	1258	4.45	2515	8.91	●	2
35	样本35	2.71	3.38	469	999	4.61	1998	9.22	●	1
36	样本36	2.00	4.25	447	646	4.04	1293	8.08	●	2

注：●表示初始容积率在居住用地"停车率—容积率（KF）"约束模型的取值区间范围内，说明根据样本居住用地地块面积计算得出的最大停车位数量及其所对应的容积率指标能够满足居住用地内的初始容积率要求，不需要进行容积率调整。

资料来源：笔者自绘

根据表6-4可以看出，假设如果能够实现选取的居住用地样本地下车库开发建设最理想的条件（包括地块形状比较规整、除住宅基底面积以外的所有用地地下都作为可开发空间、地下车库的柱网按照最经济的方式进行布局、全部采用后退式停车并且单位停车面积为25.2平方米等），那么绝大多数地块在极限停车位数量约束下的容积率指标 F 均能满足初始容积率 F_o 的要求，即 $F>F_o$，仅有少数（4个）样本地块的初始容积率大于极限停车位状态约束下的容积率指标（意味着即使在最理想的条件下，同时建设地下车库层数 $a=2$ 时的最大容积率也无法满足初始容积率的要求），只占样本居住用地总数的10%，因此研究建议对其初始容积率进行调整，调整后的容积率取西安市新建居住用地"停车率—容积率（KF）"约束模型中地下车库层数 $a=2$ 时所对应的最大容积率。

从在极限停车位数量约束下的容积率指标 F 均能满足初始容积率 F_o 要求的32个样本

地块来看，有 21 个居住用地样本只需要建设单层地下停车库（即 $a=1$）就可以满足初始容积率 F_0 的要求，有 11 个居住用地样本需要建设双层地下停车库（即 $a=2$）才可以满足初始容积率 F_0 的要求。可见仍然存在少一半的居住用地样本在只建设单层地下停车库的前提下，基本上难以实现满足停车位条件约束下地块最大容积率的要求，虽然可以通过建设双层地下车库的形式来满足初始容积率的要求，但随着未来城市机动车保有量的逐步增长对居住用地内停车率指标要求的不断提高，该类型居住用地的容积率指标也将逐步无法满足停车位数量的要求，亟待通过更有效的控制方式来实现居住用地高密度开发状态下停车位数量的满足。

此外，从样本地块的初始停车位数量与极限停车位的数量对比来看，也存在较大差异，对其在 SPSS 环境下进行简要的统计分析，结果如表 6-5 所示。

初始停车位数量与极限停车位的数量对比统计表 表 6-5

	初始停车位数量	极限停车位数量 $a=1$	极限停车位数量 $a=2$
统计量	36	36	36
总和	30199	52235	104471
平均值	838.86	1450.99	2901.97

资料来源：根据 IBM-SPSS19.0 统计软件分析结果整理

通过表 6-5 可以看出，不论是从停车位数量的总数来看，还是从其平均值来看，居住用地样本地块的初始停车位数量要远远小于极限停车位的数量，并且地块越大，差异越明显（图 6-14、图 6-15）。从西安市新建居住用地样本地下停车位的建设实际情况来看，由于受到各种条件的影响（包括基地地块形状、柱网排布、停车方式、单位停车面积等），目前西安市对于居住用地内地下车库的建设在一定程度上还没有实现对空间最经济的利用和布置方式，从而导致实际的停车位数量要少于"理想"状态下的停车位数量，并且地块

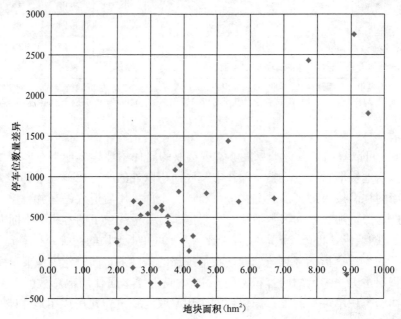

图 6-14　极限停车位与初始停车位数量差异与地块面积的关系（$a=1$）

资料来源：笔者自绘

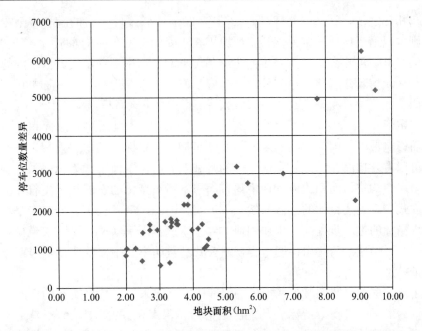

图 6-15　极限停车位与初始停车位数量差异与地块面积的关系（$a=2$）

资料来源：笔者自绘

面积越大，损失的有效停车面积越大。可见，对于规模较大的地块来说，除了通过改变户均建筑面积和停车率指标来对居住用地内的容积率指标进行调整外，还可以通过对地下车库布置方式、有效停车面积、层数等方面的综合改进来增加相同面积下的停车位数量，从而有效提高地块容积率的上限。

此外，造成目前实际车位数量"紧张"状况的另一个原因是居住用地样本的现状停车率远远没有达到 0.8 个/100m² 建筑面积的标准。经研究统计分析，选取的 36 个样本居住用地的平均停车率只有 0.51 个/100m² 建筑面积，只有不到 10% 的地块停车率达到 0.8 个/100m² 建筑面积。因此，在现实的居住用地规划管理中，应通过各种技术措施及手段尽最大可能地实现对土地，特别是地下空间的利用集约化、紧凑化，并通过严格的停车率控制指标对居住用地内的停车问题实行"双管齐下"的控制策略，也能够在一定程度上解决目前居住用地内普遍存在的"停车难"问题。对于个别在实现地下车库最经济、最有效的布置方式的前提下仍然无法满足停车要求的地块而言，则需要通过调整和降低初始容积率并结合地下车库利用率最大化的方式使停车位数量满足地方性规范要求。

6.5　本章小结

本章探讨了城市新建居住用地"停车率—容积率（KF）"约束模型的建构及其适用条件分析，并以西安市为例对模型的适用性和合理性进行了验证。从总体来看，在一定的假设条件下（该假设条件为对地下车库实现最经济、最高效的布置，即地下停车位数量的最大化），不论是在地下车库 $a=1$ 还是地下车库 $a=2$ 的状态下，居住用地"停车率—容积率（KF）"约束模型的上、下限容积率指标都随户均建筑面积呈线性增长，并且 3～4.5（$a=1$）、6～9（$a=2$）的容积率上限值区间也基本上能够满足目前城市居住用地高密度开发的需要。相比之下，2.12～3.17（$a=1$）、4.23～6.35（$a=2$）的容积率下限值区间的控制作用则可以适当保持一定弹性，主要原因在于受到地下车库的布置方式、停车面积不同等方面的影响，可能会出现在满足停车率条件下的容积率不一定在此区间内的状况。

此外，从城市新建居住用地"停车率—容积率（KF）"约束模型的影响因素来看，包括居住组团的地块建筑密度（15%～40%）、组团户均建筑面积（80～120平方米）、单位停车面积（定值25.2平方米）和停车率指标。其中，居住组团的地块面积对该模型没有影响，故而影响最大的即为户均建筑面积和停车率两个指标。经研究发现，虽然增大户均建筑面积可以有效提高在满足一定停车率的基础上的居住用地容积率上限值，但这与整个国家层面未来户均建筑面积或人均住宅建筑面积不断小型化的发展趋势不符，而通过降低停车率的方式实现上述目的的做法显然也不现实。因此，笔者认为，随着未来城市居住用地中停车率指标的进一步提高，居住用地"停车率—容积率（KF）"约束模型未来可能会逐渐成为所有影响城市新建居住用地容积率公共利益的模型中，约束作用最明显的一个容积率单因子模型。

除此之外，根据对案例城市西安市的实证研究结果来看，几乎所有的样本地块在极限停车位数量约束下的容积率指标 F 均能满足初始容积率 F_0 的要求，但正是由于对地下车库没有实现最经济的布置方式，加之大部分居住用地样本都没有达到规范规定的停车率要求，这就造成了目前停车位数量仍然无法满足小区居民停车需求的现象。研究同时发现，如果停车率指标用"个/户"来表示的话，除了建筑密度、停车率等影响因素以外，主要需要考虑户均建筑面积指标。但如果将停车率指标用"个/100m² 建筑面积"来表示，那么，户均建筑面积大小就不会对最终的容积率极限值产生影响。故而在户均建筑面积无法进一步增加的情况下，未来对于采用每百平方米建筑面积为量纲的停车位数量的研究与制定将会进一步对居住用地"停车率—容积率（KF）"约束模型上限值的提高起到一定的作用。

7 基于公共利益的组团层面城市新建居住用地容积率"值域化"综合模型建构

7.1 城市新建居住用地容积率综合约束模型建构的必要性分析

通过前文分别对公共利益视角下的城市新建居住用地"日照间距系数—容积率（AF）"约束模型、"绿化指标—容积率（GF）"约束模型、"停车率—容积率（KF）"约束模型的设定、分析与建构，本研究重点探讨了在一定的假设前提条件下，组团层面城市新建居住用地"公共利益"单因子影响下的容积率取值范围及其取值条件的技术问题；进而以西安为例，研究选取了西安市近年来规划审批通过的 34 个新建居住用地作为典型样本，通过地方性规范规定的居住用地容积率影响参数来分别对各居住用地单因子约束模型进行实证研究，从而实现对各单因子容积率约束模型的检验。

通过对各居住用地容积率单因子约束模型的建构和研究发现，如果对各单因子容积率约束模型的定义域取值范围进行限定（例如建筑密度取 15%～40% 的范围，居住组团人口及用地规模进行相应的限定），那么居住用地"日照间距系数—容积率（AF）"约束模型、"绿化指标—容积率（GF）"约束模型、"停车率—容积率（KF）"约束模型三个单因子约束模型都为"值域化"模型，也就意味着在模型的定义域范围内存在最大值和最小值，因此容积率单因子"值域化"模型也必然存在最大值和最小值。具体而言，各容积率单因子约束模型的最大值主要考虑地块的开发强度不能突破规范性因子指标的下限值，确保地块开发的公共利益；而下限值的限定主要是为了确保在居住组团层面保障有一定的人口及用地规模底线来支撑组团层面公共设施的基本服务水平。

除去社会经济条件因素的影响以外，居住用地的综合环境质量和公共利益保障是多种公共利益因子共同作用下的结果，不论是从各类法规、规范来看还是从规划管理过程中对各项影响因子指标的具体控制要求来看，在实践中都明确规定：城市新建居住用地应同时满足所有的规范性公共利益指标。所以单一的居住用地容积率影响因子及其约束模型势必将无法满足模型自身的技术转化需要和实践管理需要，应在相同的条件下对城市新建居住用地容积率单因子约束模型进行整合与叠加，通过居住用地容积率综合约束模型的建构实现对居住用地综合环境质量的有效控制，从根本上体现城市居住用地开发的公共利益。

根据前文所述，如果要实现在同一条件下对居住用地容积率单因子约束模型的综合叠加，那么就必须确保单因子模型的自变量具有相同的定义域范围，如此，在数学上就可以将不同的单因子约束模型纳入到同一定义域范围内进行计算和分析。从本研究对各居住用地单因子约束模型的建构来看，"日照间距系数—容积率（AF）"约束模型是以建筑平均层数或者居住组团内的建筑密度为自变量的，"绿化指标—容积率（GF）"约束模型也是以居住组团内的建筑密度为自变的，而"停车率—容积率（KF）"约束模型则以户均建筑面积为自变量。由于选取的自变量不同，就无法实现在同一条件下对居住用地容积率单因子约束模型的叠加，考虑到本研究所确定的容积率"值域化"控制模型对下限值的限定主要取决于地块的建筑密度大小，并且"日照间距系数—容积率（AF）"约束模型和"绿化指标—容积率（GF）"约束模型均以居住组团内的建筑密度为自变量，那么，如果能够将"停车率—容积率（KF）"约束模型也转换为以建筑密度为自变量的约束模型，就可以在一个统一的综合约束模型框架内实现对各容积率单因子模型的叠加，也就为后续城市新建居住用地容积率综合模型的建构在变量的统一上奠定了具有可操作性的基础。

针对上述问题，本章首先对居住用地容积率单因子模型进行两两叠加，探寻双因子约束下城市新建居住用地容积率模型与单因子约束模型控制结果的差异所在。本章研究的重点在于最后对三个容积率单因子约束模型进行综合叠加，形成多因子综合影响下的城市新建居住用地容积率约束模型，并且该容积率综合约束模型必然也是一个完全基于公共利益的"值域化"模型。

7.2 双因子约束下的城市新建居住用地容积率"值域化"模型建构

由于仅依靠单因子的约束作用对居住用地的容积率取值范围进行控制在一定程度上不能够体现城市居住环境的综合品质与公共利益，故而需要对单因子约束模型进行叠加，才能使各项公共利益因子得到有效发挥，也能够使修正后的容积率约束模型更加符合规范规定的综合要求和实际规划管理的需要。通过前文的分析，本研究一共筛选出日照、绿化和停车三类代表公共利益的城市新建居住用地容积率影响因子，因此按照多因子排列组合的规律，会产生"日照间距系数—停车率—容积率（AKF）"约束模型、"日照间距系数—绿化指标—容积率（AGF）"约束模型、"绿化指标-停车率—容积率（GKF）"约束模型三种可能，并且上述三种双因子约束模型也都是"值域化"控制模型。本节首先对三种居住用地容积率双因子约束模型进行建构与探讨，探寻双因子综合模型与单因子模型的差异所在，从而实现对城市新建居住用地容积率单因子约束模型的进一步优化与调整。

7.2.1 日照间距系数—绿化指标—容积率（AGF）值域化模型建构及其适用条件分析

城市新建居住用地"日照间距系数—绿化指标—容积率（AGF）"约束模型没有考虑到停车率指标的约束作用，即假设在不考虑是否满足停车位要求的前提下同时考虑日照间距系数和人均公共绿地面积两个单因子模型的共同约束作用；同时，由于"日照间距系数—容积率（AF）"约束模型和"绿化指标—容积率（GF）"约束模型都是"值域化"控制模型，所以"日照间距系数-绿化指标—容积率（AGF）"约束模型必然也会是一个值域化模型，在该模型控制下的居住用地容积率同时存在上限值 F_{max} 和下限值 F_{min}。此外，由于"日照间距系数—容积率（AF）"约束模型和"绿化指标—容积率（GF）"约束模型的自变量都是组团建筑密度 M，所以下文将重点探讨在自变量居住组团建筑密度 $15\% \leqslant M \leqslant 40\%$ 的定义域范围内"日照间距系数-绿化指标—容积率（AGF）"值域化约束模型的上限值和下限值的取值范围及其取值条件。

根据前文的分析，理想状态下的居住用地"日照间距系数—容积率（AF）"约束模型不考虑地块周边现状建筑的影响，当日照间距系数取西安市地方标准 1.3 时，其最大容积率都可以定义为在地块内建筑平均层数 $n=35$，建筑密度为 40% 时所对应的最大容积率 $F_{max}=14$，最小容积率可以定义为在建筑平均层数 $n=4$，建筑密度为 15% 时所对应的最小容积率 $F_{min}=0.6$，从模型曲线线形上看，表现为因变量最大容积率和最小容积率随地块建筑密度呈正相关关系的线性函数。对于居住用地"绿化指标—容积率（GF）"约束模型来讲，由于其在一定程度上可以看作是"日照间距系数—容积率（AF）"约束模型的修正模型，即同时确保组团层面的人均公共绿地面积和公共绿地的日照标准，故而其最大值曲线同样可以考虑为组团地块内建筑平均层数 $n=35$ 时，居住用地容积率随组团建筑密度 M 的变化曲线，而最小值曲线可考虑为组团地块内建筑平均层数 $n=4$ 时，居住用地容积率随组团建筑密度 M 的变化曲线。综上所述，分别对以上两个容积率单因子模型的上、下限值进行叠加，结果如表 7-1、图 7-1、图 7-2 所示。

"日照间距系数—绿化指标—容积率（AGF）"值域化模型区间值选择与控制　　表 7-1

建筑密度 M	GF 约束模型		AF 约束模型		AGF 约束模型	
	GF_{max}	GF_{min}	AF_{max}	GF_{max}	GF_{min}	AF_{max}
15%	5.25	0.60	3.74	0.59	3.74	0.60
16%	5.60	0.64	3.91	0.63	3.91	0.64
17%	5.95	0.68	4.08	0.67	4.08	0.68
18%	6.30	0.72	4.24	0.71	4.24	0.72
19%	6.65	0.76	4.40	0.75	4.40	0.76
20%	7.00	0.80	4.55	0.78	4.55	0.80
21%	7.35	0.84	4.69	0.82	4.69	0.84
22%	7.70	0.88	4.83	0.86	4.83	0.88
23%	8.05	0.92	4.97	0.90	4.97	0.92
24%	8.40	0.96	5.10	0.94	5.10	0.96
25%	8.75	1.00	5.23	0.97	5.23	1.00
26%	9.10	1.04	5.35	1.01	5.35	1.04
27%	9.45	1.08	5.47	1.05	5.47	1.08
28%	9.80	1.12	5.59	1.09	5.59	1.12
29%	10.15	1.16	5.70	1.13	5.70	1.16
30%	10.50	1.20	5.81	1.16	5.81	1.20
31%	10.85	1.24	5.91	1.20	5.91	1.24
32%	11.20	1.28	6.01	1.24	6.01	1.28
33%	11.55	1.32	6.11	1.28	6.11	1.32
34%	11.90	1.36	6.21	1.31	6.21	1.36
35%	12.25	1.40	6.30	1.35	6.30	1.40
36%	12.60	1.44	6.40	1.39	6.40	1.44
37%	12.95	1.48	6.48	1.43	6.48	1.48
38%	13.30	1.52	6.57	1.46	6.57	1.52
39%	13.65	1.56	6.66	1.50	6.66	1.56
40%	14.00	1.60	6.74	1.54	6.74	1.60

资料来源：笔者自绘

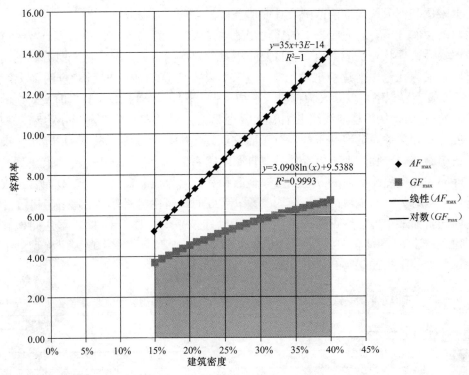

图 7-1　居住用地 "日照间距系数—绿化指标—容积率（AGF）" 约束模型上限值曲线叠加
资料来源：笔者自绘

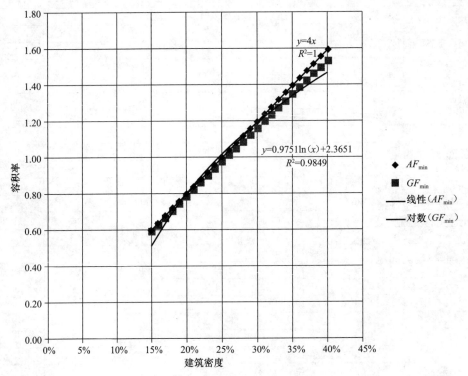

图 7-2　居住用地 "日照间距系数—绿化指标—容积率（AGF）" 约束模型下限值曲线叠加
资料来源：笔者自绘

结合前文对居住用地容积率单因子模型分析的结果，从表7-1、图7-1、图7-2可以看出，对于"日照间距系数—绿化指标—容积率（AGF）"约束模型的最大值来说，根据前文的分析结果，由于居住组团层面的"绿化指标—容积率（GF）"约束模型在一定程度上可以看作是"日照间距系数—容积率（AF）"约束模型的修正模型，并且受到组团公共绿地的影响，必然会在组团建筑密度15％≤M≤40％的定义域范围内存在"日照间距系数—容积率（AF）"约束模型的上限值大于"绿化指标—容积率（GF）"约束模型的上限值，即 $AF_{max}>GF_{max}$，同时也会在组团建筑密度15％≤M≤40％的定义域范围内存在"日照间距系数—容积率（AF）"约束模型的下限值大于"绿化指标—容积率（GF）"约束模型的下限值，即 $AF_{min}>GF_{min}$，但相比之下，差异较小，因此叠加后的城市新建居住用地"日照间距系数-绿化指标—容积率（AGF）"值域化约束模型的最大值是由"绿化指标—容积率（GF）"约束模型的上限值曲线 GF_{max} 起控制作用的，而"日照间距系数—容积率（AF）"约束模型不起作用。

对于"日照间距系数-绿化指标—容积率（AGF）"值域化约束模型的最小值来说，由于其是对容积率的下限值进行控制，故而应选择单因子约束模型中容积率下限值较高的下限值曲线作为综合约束模型的下限值曲线。同理，由于在组团建筑密度15％≤M≤40％的定义域范围内存在"日照间距系数—容积率（AF）"约束模型的下限值大于"绿化指标—容积率（GF）"约束模型的下限值，即 $AF_{min}>GF_{min}$，因此叠加后的城市新建居住用地"日照间距系数-绿化指标—容积率（AGF）"值域化约束模型的最小值是由"日照间距系数—容积率（AF）"约束模型的下限值曲线 AF_{min} 起控制作用的，而"绿化指标—容积率（GF）"约束模型不起作用。

综上所述，最终，经叠加后的城市新建居住用地"日照间距系数—绿化指标—容积率（AGF）"值域化约束模型在形式上表现为以"绿化指标—容积率（GF）"约束模型的上限值曲线和"日照间距系数—容积率（AF）"约束模型的下限值曲线为值域范围的综合约束模型（图7-3）。根据地块面积的变化，其最大值 AGF_{max} 的取值区间为（3.74，6.74），从数值上看与"绿化指标—容积率（GF）"约束模型容积率最大值区间完全相同；而对于居住用地"日照间距系数—绿化指标—容积率（AGF）"值域化约束模型最小值 AGF_{min} 的取值区间为（0.60，1.60）来说，虽然在理论上具有一定的控制意义及必要性，但在实践中，由于其指标相对过小，故而不具有相应的控制指导作用。

7.2.2 日照间距系数—停车率—容积率（AKF）值域化约束模型建构及其适用条件分析

城市新建居住用地"日照间距系数—停车率—容积率（AKF）"约束模型没有考虑到绿化指标的约束作用，即在不考虑是否满足组团层面居住用地内的绿地率和人均公共绿地面积两项绿化指标要求的前提下，同时考虑到日照间距系数和停车率两个公共利益因子的共同约束作用，因此其综合约束影响下的居住用地容积率上、下限指标必然不同于单项公共利益因子影响下的容积率指标。同理，城市新建居住用地"日照间距系数—停车率—容积率（AKF）"约束模型也是一个值域化控制模型，并且在该模型控制下的居住用地容积率同时存在上限值 AKF_{max} 和下限值 AKF_{min}。

由于"停车率—容积率（KF）"约束模型是以户均建筑面积为自变量的容积率单因子

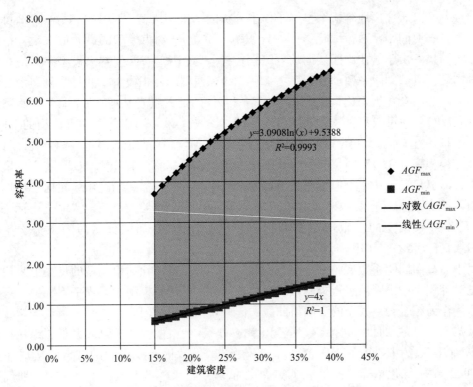

图 7-3 居住用地"日照间距系数—绿化指标—容积率（AGF）"约束模型上下限值曲线
资料来源：笔者自绘

模型，而"日照间距系数—容积率（AF）"约束模型是以地块建筑密度为自变量的容积率单因子模型，这就会带来由于两个单因子约束模型自变量的不同而无法叠加的问题。根据前文的分析，本研究规定，在模型叠加过程中均以地块建筑密度为自变量对单因子模型在同一定义域范围内进行综合，因此只有将"停车率—容积率（KF）"约束模型也转换为以地块建筑密度为自变量的约束模型，才能在一个统一的综合约束模型框架（数学定义域）内实现对以上二者居住用地容积率单因子模型的叠加。已知居住用地"停车率—容积率（KF）"约束模型的数学函数表达式为：

$$F = GQ/KS_X \qquad (7\text{-}1)$$

公式中的各类字母所代表的含义与前文相同，同时，停车位数量 Q 与组团用地规模 S_X 的数学表达式为：

$$Q = aS_X(1-M)/0.9\varphi, a = (1,2) \qquad (7\text{-}2)$$

在公式 7-1 中，由于总的停车位数量 Q 和组团用地规模 S_X 存在一定的对应关系（即当总的停车位数量 Q 取最大值时，组团用地规模 S_X 也存在最大值；当总的停车位数量 Q 取最小值时，组团用地规模 S_X 也存在最小值），因此，就不能将总的停车位数量 Q 视为常数，而是需要建立二者之间的数学关联。将公式 7-1 和公式 7-2 进行合并可得：

$$F = aG(1-M)/0.9\varphi K, a = (1,2) \qquad (7\text{-}3)$$

根据公式 7-3 可以发现，经转化后的居住用地"停车率—容积率（KF）"约束模型的组团用地规模 S_X 相互抵消，所以与居住用地"日照间距系数—容积率（AF）"约束模型相同，说明在一定条件下居住用地"停车率—容积率（KF）"约束模型的容积率取值大小与地块规模没有关系。如果建立以容积率 F 为因变量，组团建筑密度在 $15\%\sim40\%$ 的定义域范围内为自变量的数学函数，那么，该函数在形式上就表现为因变量地块容积率 F 随自变量组团建筑密度 M 呈负相关关系的线性函数。因此，调整后的居住用地"停车率—容积率（KF）"约束模型的上限值曲线为户均建筑面积 G 取 120 平方米时，容积率 F 随组团建筑密度 M 变化的函数曲线；下线值曲线为确保居住组团内 1000 户的规模及其对应的停车位标准约束下的容积率最小值。同时，由于停车率 K 的取值范围非常有限（按照国内的实践经验，基本上在 $0.5\sim2$ 之间），故而也可以将其视作常数。因此，在明确的定义域范围内并且停车率 K 一定（在此，同样假设 $K=1$）且地下车库层数 $a=1$ 时，对以上两个居住用地容积率单因子模型进行叠加，结果如表 7-2、图 7-4、图 7-5 所示；当地下车库层数 $a=2$ 时，对以上两个居住用地容积率单因子模型进行叠加，结果如表 7-3、图 7-6、图 7-7 所示。

"日照间距系数—停车率—容积率（AKF）"值域化模型区间值选择与控制（$a=1$） 表 7-2

建筑密度 M	AF 约束模型		KF 约束模型		AKF 约束模型	
	AF_{max}	AF_{min}	KF_{max}	KF_{min}	AKF_{max}	AKF_{min}
15%	5.25	0.60	4.50	1.33	4.50	1.33
16%	5.60	0.64	4.44	1.33	4.44	1.33
17%	5.95	0.68	4.39	1.33	4.39	1.33
18%	6.30	0.72	4.34	1.33	4.34	1.33
19%	6.65	0.76	4.29	1.33	4.29	1.33
20%	7.00	0.80	4.23	1.33	4.23	1.33
21%	7.35	0.84	4.18	1.33	4.18	1.33
22%	7.70	0.88	4.13	1.33	4.13	1.33
23%	8.05	0.92	4.07	1.33	4.07	1.33
24%	8.40	0.96	4.02	1.33	4.02	1.33
25%	8.75	1.00	3.97	1.33	3.97	1.33
26%	9.10	1.04	3.92	1.33	3.92	1.33
27%	9.45	1.08	3.86	1.33	3.86	1.33
28%	9.80	1.12	3.81	1.33	3.81	1.33
29%	10.15	1.16	3.76	1.33	3.76	1.33
30%	10.50	1.20	3.70	1.33	3.70	1.33
31%	10.85	1.24	3.65	1.33	3.65	1.33
32%	11.20	1.28	3.60	1.33	3.60	1.33
33%	11.55	1.32	3.54	1.33	3.54	1.33
34%	11.90	1.36	3.49	1.33	3.49	1.36
35%	12.25	1.40	3.44	1.33	3.44	1.40
36%	12.60	1.44	3.39	1.33	3.39	1.44
37%	12.95	1.48	3.33	1.33	3.33	1.48
38%	13.30	1.52	3.28	1.33	3.28	1.52
39%	13.65	1.56	3.23	1.33	3.23	1.56
40%	14.00	1.60	3.17	1.33	3.17	1.60

资料来源：笔者自绘

111

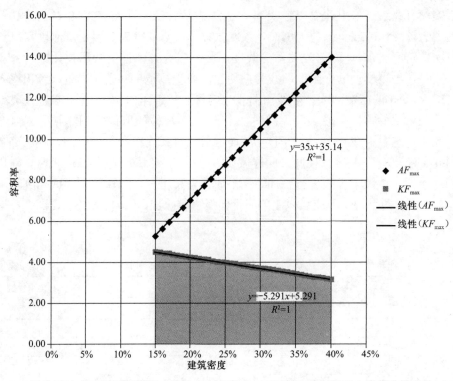

图 7-4 居住用地 "日照间距系数—停车率—容积率（AKF）" 约束模型上限值曲线叠加（a＝1）

资料来源：笔者自绘

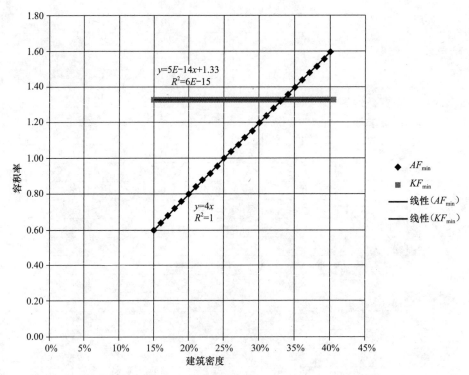

图 7-5 居住用地 "日照间距系数—停车率—容积率（AKF）" 约束模型下限值曲线叠加（a＝1）

资料来源：笔者自绘

"日照间距系数—停车率—容积率（AKF）"值域化模型区间值选择与控制（a＝2） 表7-3

建筑密度 M	AF 约束模型		KF 约束模型		AKF 约束模型	
	AF_{max}	AF_{min}	KF_{max}	KF_{min}	AKF_{max}	AKF_{min}
15%	5.25	0.60	8.99	1.33	5.25	1.33
16%	5.60	0.64	8.89	1.33	5.60	1.33
17%	5.95	0.68	8.78	1.33	5.95	1.33
18%	6.30	0.72	8.68	1.33	6.30	1.33
19%	6.65	0.76	8.57	1.33	6.65	1.33
20%	7.00	0.80	8.47	1.33	7.00	1.33
21%	7.35	0.84	8.36	1.33	7.35	1.33
22%	7.70	0.88	8.25	1.33	7.70	1.33
23%	8.05	0.92	8.15	1.33	8.05	1.33
24%	8.40	0.96	8.04	1.33	8.04	1.33
25%	8.75	1.00	7.94	1.33	7.94	1.33
26%	9.10	1.04	7.83	1.33	7.83	1.33
27%	9.45	1.08	7.72	1.33	7.72	1.33
28%	9.80	1.12	7.62	1.33	7.62	1.33
29%	10.15	1.16	7.51	1.33	7.51	1.33
30%	10.50	1.20	7.41	1.33	7.41	1.33
31%	10.85	1.24	7.30	1.33	7.30	1.33
32%	11.20	1.28	7.20	1.33	7.20	1.33
33%	11.55	1.32	7.09	1.33	7.09	1.33
34%	11.90	1.36	6.98	1.33	6.98	1.36
35%	12.25	1.40	6.88	1.33	6.88	1.40
36%	12.60	1.44	6.77	1.33	6.77	1.44
37%	12.95	1.48	6.67	1.33	6.67	1.48
38%	13.30	1.52	6.56	1.33	6.56	1.52
39%	13.65	1.56	6.46	1.33	6.46	1.56
40%	14.00	1.60	6.35	1.33	6.35	1.60

资料来源：笔者自绘

从表7-2、表7-3和图7-4～图7-7可以看出，与居住用地"日照间距系数—绿化指标—容积率（AGF）"值域化约束模型的研究结果相同，对于居住用地"日照间距系数—停车率—容积率（AKF）"值域化约束模型的最大值来说，由于"日照间距系数—容积率（AF）"约束模型是在地块外围没有现状建筑的前提假设下建构的，其在理想状态下的容积率最大值可以达到14.0，故而从原则上来说，不论是地下车库层数 a＝1 还是 a＝2 时，居住组团层面的"绿化指标—容积率（GF）"约束模型的上限值都要小于"日照间距系数—容积率（AF）"约束模型的上限值，即在建筑密度 15%≤M≤40% 的定义域范围内存在 $AF_{max}＞KF_{max}$。研究证明，在地下车库层数 a＝1 时，叠加后的城市新建居住用地"日照间距系数—停车率—容积率（AKF）"值域化约束模型的最大值曲线仍然是"停车率—容积率（KF）"约束模型的上限值曲线在起控制作用，而"日照间距系数—容积率（AF）"约束模型的上限值曲线不起作用。但当居住组团的地下车库层数 a＝2 时，居住用地"停车率—容积率（KF）"约束模型和"日照间距系数—容积率（AF）"约束模型的上

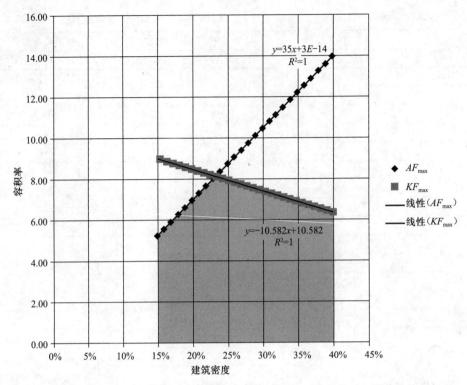

图 7-6 居住用地"日照间距系数—停车率—容积率（AKF）"约束模型上限值曲线叠加（a＝2）
资料来源：笔者自绘

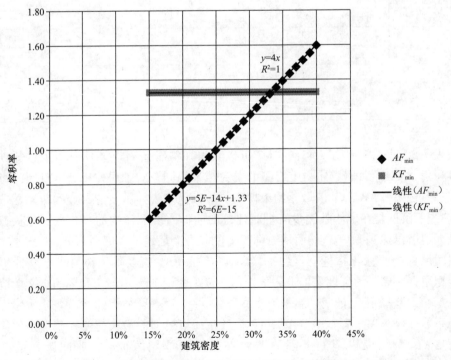

图 7-7 居住用地"日照间距系数—停车率—容积率（AKF）"约束模型下限值曲线叠加（a＝2）
资料来源：笔者自绘

限值曲线产生一处交点，这个交点所对应的容积率（可称为临界容积率 $F=8.15$）即为同时满足上述两个居住用地容积率单因子值域化模型的容积率上限值，此时就存在：

$$F = aG(1-M)/0.9\varphi K = 8.15, a = 2 \tag{7-4}$$

对公式 7-4 进行求解可得，此时对应的居住组团建筑密度 $M=23\%$，这也就意味着当居住组团的地下车库层数 $a=2$ 时，"日照间距系数—停车率—容积率（AKF）"值域化约束模型的最大值同时由"停车率—容积率（KF）"约束模型和"日照间距系数—容积率（AF）"约束模型的上限值进行控制。具体而言（图 7-6），当建筑密度在 $15\% \leqslant M \leqslant 23\%$ 的定义域范围内时，"日照间距系数—容积率（AF）"约束模型的上限值要小于"停车率—容积率（KF）"约束模型的上限值，此时存在 $AF_{max} < KF_{max}$，故而"日照间距系数—停车率—容积率（AKF）"值域化约束模型的最大值由"日照间距系数—容积率（AF）"约束模型的上限值曲线控制；反之，当建筑密度在 $23\% \leqslant M \leqslant 40\%$ 的定义域范围内时，"日照间距系数—容积率（AF）"约束模型的上限值要大于"停车率—容积率（KF）"约束模型的上限值，此时存在 $AF_{max} > KF_{max}$，故而"日照间距系数—停车率—容积率（AKF）"值域化约束模型的最大值由"停车率—容积率（KF）"约束模型的上限值曲线控制。这一情况就表明了在其他条件都不变且居住组团的建筑密度较低时，在修建双层地下车库的前提下，如要通过增加建筑密度来提高容积率是有条件的，即最大容积率可以达到 8.15［低于"停车率—容积率（KF）"单因子约束模型的最大值 9.0］，如果在此前提下容积率指标进一步提高，则会无法满足日照条件的约束要求。

对于居住用地"日照间距系数—停车率—容积率（AKF）"约束模型的最小值来说，由于其是对容积率的下限值进行控制，故而应该选择单因子下限值曲线叠加后的综合约束模型中容积率相对较高的下限值曲线作为居住用地"值域化"综合模型的下限值曲线。研究发现，不论地下车库层数 $a=1$ 还是 $a=2$ 时，"停车率—容积率（KF）"约束模型和"日照间距系数—容积率（AF）"约束模型的下限值曲线均会产生一处交点，这个交点所对应的容积率（$F=1.33$）即为同时满足上述两个居住用地容积率单因子值域化模型的容积率下限值，此时对应的居住组团建筑密度 $M=33\%$，这也就意味着不论地下车库层数 $a=1$ 还是 $a=2$ 时，"日照间距系数—停车率—容积率（AKF）"值域化约束模型的最小值同时由"停车率—容积率（KF）"约束模型和"日照间距系数—容积率（AF）"约束模型的下限值进行控制。具体而言（图 7-5、图 7-7），当建筑密度在 $15\% \leqslant M \leqslant 33\%$ 的定义域范围内时，"日照间距系数—容积率（AF）"约束模型的下限值要小于"停车率—容积率（KF）"约束模型的小限值，此时存在 $AF_{min} < KF_{min}$，故而"日照间距系数—停车率—容积率（AKF）"值域化约束模型的最小值由"停车率—容积率（KF）"约束模型的下限值曲线控制；反之，当建筑密度在 $33\% \leqslant M \leqslant 40\%$ 的定义域范围内时，"日照间距系数—容积率（AF）"约束模型的下限值要大于"停车率—容积率（KF）"约束模型的下限值，此时存在 $AF_{min} > KF_{min}$，故而"日照间距系数—停车率—容积率（AKF）"值域化约束模型的最小值由"日照间距系数—容积率（AF）"约束模型的下限值曲线控制。

综上所述，最终，经叠加后的城市新建居住用地"日照间距系数—停车率—容积率（AKF）"值域化约束模型的上、下限值取值范围就如图 7-8 和图 7-9 所示。从数值上看，城市新建居住用地"日照间距系数—停车率—容积率（AKF）"值域化约束模型的上限值曲线（3.17，4.5）（$a=1$）、（5.25，8.05）（$a=2$）基本上能够满足组团层面高密度开发

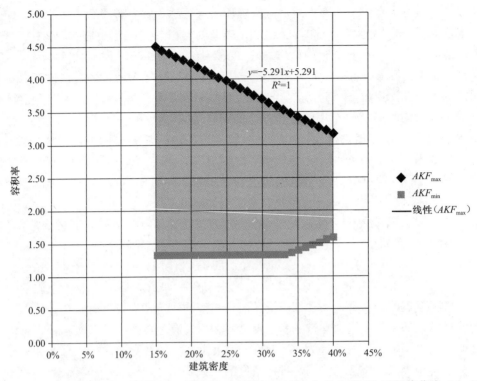

图 7-8 居住用地"日照间距系数—停车率—容积率（AKF）"约束模型上下限值曲线（a＝1）
资料来源：笔者自绘

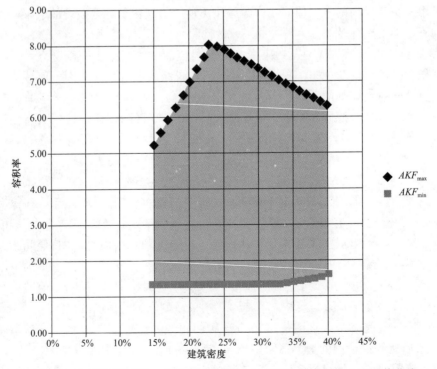

图 7-9 居住用地"日照间距系数—停车率—容积率（AKF）"约束模型上下限值曲线（a＝2）
资料来源：笔者自绘

建设对容积率指标的要求，但其都是以户均建筑面积取最大值（$G=120$）为前提的。正如前文所言，随着国内未来住宅户型面积逐渐向小型化发展，在居住用地内户均建筑面积越来越小的前提下，"日照间距系数—停车率—容积率（AKF）"值域化约束模型的容积率上限值会逐渐降低，因此可以通过增加地下车库层数的方式来提高容积率的上限。

与此同时，不论地下车库层数 $a=1$ 还是 $a=2$ 时，城市新建居住用地"日照间距系数—停车率—容积率（AKF）"值域化约束模型的最小值都不能低于 1.3，实质上该最低值仍然是由"停车率—容积率（KF）"约束模型的下限值决定的。这就是说，为了确保居住组团内 1000 户的人口规模及其对应的停车位标准，在只建设单层车库的前提下，容积率指标至少要高于 1.33 的标准，否则将可能出现在 $40000 \leqslant S_X \leqslant 60000$ 的用地范围内，由于人口规模不足导致的公共设施无法有效利用的问题。因此，对城市新建居住用地"日照间距系数—停车率—容积率（AKF）"值域化约束模型容积率的下限值控制在实践中就会具有一定的指导意义。

7.2.3 绿化指标—停车率—容积率（GKF）值域化约束模型建构及其适用条件分析

城市新建居住用地"绿化指标—停车率—容积率（GKF）"约束模型没有考虑到日照间距系数的约束作用❶，即同时考虑停车率和人均公共绿地面积指标二者的约束作用，从而其影响下的居住用地容积率指标必然不同于各单项因子影响下的容积率指标。同样来说，城市新建居住用地"绿化指标—停车率—容积率（GKF）"约束模型是一个值域化控制模型，在该模型控制下的城市新建居住用地容积率也必将同时存在上限值 F_{max} 和下限值 F_{min}。故而本节将重点探讨在自变量居住组团内建筑密度 $15\% \leqslant M \leqslant 40\%$ 的定义域范围内，城市新建居住用地"绿化指标—停车率—容积率（GKF）"值域化约束模型的上限值和下限值的取值范围及其取值条件。

根据前文的分析，如果仍然以组团建筑密度 M 作为自变量，对于城市新建居住用地"绿化指标—容积率（GF）"约束模型来讲，其最大值曲线可以考虑为当组团地块内建筑平均层数 $n=35$ 时，居住用地容积率随组团建筑密度 M 的变化曲线，最大值为当 $M=40\%$ 时对应的容积率 6.74；而最小值曲线可以考虑为当组团地块内建筑平均层数 $n=4$ 时，居住用地容积率随组团建筑密度 M 的变化曲线，最小值为当 $M=15\%$ 时对应的容积率 0.59。对于城市新建居住用地"停车率—容积率（KF）"约束模型来说，不论是地下车库层数 $a=1$ 还是 $a=2$ 时，该函数的最大值在形式上都表现为因变量地块容积率随自变量组团建筑密度 M 呈负相关关系的线性函数，而该函数的最小值在形式上都表现为因变量地块容积率随自变量组团建筑密度 M 不发生改变的线性函数，即最小容积率恒等于 1.33。因此，经过调整后的城市新建居住用地"停车率—容积率（KF）"约束模型的上限值曲线为户均建筑面积 G 取 120 平方米时，容积率 F 随组团建筑密度 M 变化的函数曲线；下线值曲线为当居住组团的地块面积取最大值 6 公顷、居住户数取最小值 1000 户时，居住用地容积率 F 随组团建筑密度 M 不发生变化的函数曲线。因此，当居住组团建筑密度在 $15\% \leqslant M \leqslant 40\%$ 的

---

❶ 实际上，在现实的规划管理中可能会出现这种情况，例如在部分城市的旧城改造项目中，为了确保商业开发和原居民（村民）安置的共同利益，在规范上就采取了建筑日照间距只需满足大寒日 1 小时日照要求的标准。

定义域范围内并且停车率 K 一定时（在此同样假设 $K=1$），分别在地下车库层数 $a=1$ 和 $a=2$ 时对以上两个容积率单因子模型进行叠加，结果如表 7-4、表 7-5 所示。

"绿化指标—停车率—容积率（GKF）"值域化模型区间值选择与控制（$a=1$）　　表 7-4

建筑密度 M	GF 约束模型		KF 约束模型		GKF 约束模型	
	GF_{max}	GF_{min}	KF_{max}	KF_{min}	GKF_{max}	GKF_{min}
15%	3.74	0.59	4.50	1.33	3.74	1.33
16%	3.91	0.63	4.44	1.33	3.91	1.33
17%	4.08	0.67	4.39	1.33	4.08	1.33
18%	4.24	0.71	4.34	1.33	4.24	1.33
19%	4.40	0.75	4.29	1.33	4.29	1.33
20%	4.55	0.78	4.23	1.33	4.23	1.33
21%	4.69	0.82	4.18	1.33	4.18	1.33
22%	4.83	0.86	4.13	1.33	4.13	1.33
23%	4.97	0.90	4.07	1.33	4.07	1.33
24%	5.10	0.94	4.02	1.33	4.02	1.33
25%	5.23	0.97	3.97	1.33	3.97	1.33
26%	5.35	1.01	3.92	1.33	3.92	1.33
27%	5.47	1.05	3.86	1.33	3.86	1.33
28%	5.59	1.09	3.81	1.33	3.81	1.33
29%	5.70	1.13	3.76	1.33	3.76	1.33
30%	5.81	1.16	3.70	1.33	3.70	1.33
31%	5.91	1.20	3.65	1.33	3.65	1.33
32%	6.01	1.24	3.60	1.33	3.60	1.33
33%	6.11	1.28	3.54	1.33	3.54	1.33
34%	6.21	1.31	3.49	1.33	3.49	1.33
35%	6.30	1.35	3.44	1.33	3.44	1.35
36%	6.40	1.39	3.39	1.33	3.39	1.39
37%	6.48	1.43	3.33	1.33	3.33	1.43
38%	6.57	1.46	3.28	1.33	3.28	1.46
39%	6.66	1.50	3.23	1.33	3.23	1.50
40%	6.74	1.54	3.17	1.33	3.17	1.54

资料来源：笔者自绘

"绿化指标—停车率—容积率（GKF）"值域化模型区间值选择与控制（$a=2$）　　表 7-5

建筑密度 M	GF 约束模型		KF 约束模型		GKF 约束模型	
	GF_{max}	GF_{min}	KF_{max}	KF_{min}	GKF_{max}	GKF_{min}
15%	3.74	0.59	8.99	1.33	3.74	1.33
16%	3.91	0.63	8.89	1.33	3.91	1.33
17%	4.08	0.67	8.78	1.33	4.08	1.33
18%	4.24	0.71	8.68	1.33	4.24	1.33
19%	4.40	0.75	8.57	1.33	4.40	1.33
20%	4.55	0.78	8.47	1.33	4.55	1.33

续表

建筑密度 M	GF 约束模型		KF 约束模型		GKF 约束模型	
	GF_{max}	GF_{min}	KF_{max}	KF_{min}	GKF_{max}	GKF_{min}
21%	4.69	0.82	8.36	1.33	4.69	1.33
22%	4.83	0.86	8.25	1.33	4.83	1.33
23%	4.97	0.90	8.15	1.33	4.97	1.33
24%	5.10	0.94	8.04	1.33	5.10	1.33
25%	5.23	0.97	7.94	1.33	5.23	1.33
26%	5.35	1.01	7.83	1.33	5.35	1.33
27%	5.47	1.05	7.72	1.33	5.47	1.33
28%	5.59	1.09	7.62	1.33	5.59	1.33
29%	5.70	1.13	7.51	1.33	5.70	1.33
30%	5.81	1.16	7.41	1.33	5.81	1.33
31%	5.91	1.20	7.30	1.33	5.91	1.33
32%	6.01	1.24	7.20	1.33	6.01	1.33
33%	6.11	1.28	7.09	1.33	6.11	1.33
34%	6.21	1.31	6.98	1.33	6.21	1.33
35%	6.30	1.35	6.88	1.33	6.30	1.35
36%	6.40	1.39	6.77	1.33	6.40	1.39
37%	6.48	1.43	6.67	1.33	6.48	1.43
38%	6.57	1.46	6.56	1.33	6.56	1.46
39%	6.66	1.50	6.46	1.33	6.46	1.50
40%	6.74	1.54	6.35	1.33	6.35	1.54

资料来源：笔者自绘

从表7-4和表7-5可以发现，对于叠加后的城市新建居住用地"绿化指标—停车率—容积率（GKF）"值域化约束模型来说，不论地下车库层数 $a=1$ 还是 $a=2$ 时，模型的值域区间相对于其他两个居住用地容积率双因子约束模型来说范围非常小，这就证明，相比之下，城市新建居住用地"绿化指标—停车率—容积率（GKF）"值域化约束模型是最具有控制意义的一个双因子约束模型。

通过对居住用地"绿化指标—停车率—容积率（GKF）"值域化约束模型的进一步分析可知，不论是地下车库层数 $a=1$ 还是 $a=2$ 时，居住用地"绿化指标—容积率（GF）"约束模型和"停车率—容积率（KF）"约束模型的上限值曲线都会在居住组团建筑密度 $15\%\leqslant M\leqslant40\%$ 的定义域范围内产生一处交点，只是当地下车库层数 $a=1$ 时，该交点（$M=18\%$）所对应的容积率为4.25。这就意味着，当居住组团的地下车库层数 $a=1$ 时，居住用地"绿化指标-停车率—容积率（GKF）"值域化约束模型的最大值同时由"绿化指标—容积率（GF）"约束模型和"停车率—容积率（KF）"约束模型的上限值曲线进行控制。具体而言（图7-10），当建筑密度在 $15\%\leqslant M\leqslant18\%$ 的定义域范围内时，"停车率—容积率（KF）"约束模型的上限值要大于"绿化指标—容积率（GF）"约束模型的上限值，此时存在 $KF_{max}>GF_{max}$，故而居住用地"绿化指标—停车率—容积率（GKF）"值域化约束模型的最大值由"绿化指标—容积率（GF）"约束模型的上限值曲线控制；反之，当建筑密度在 $18\%\leqslant M\leqslant40\%$ 的定义域范围内时，"停车率—容积率（KF）"约束模型的上限值要小于"绿化指标—容积率（GF）"约束模型的上限值，此时存在 $KF_{max} < GF_{max}$，故而"绿化指标—停车率—容积率（GKF）"值域化约束模型的最大值由"停车率—容积率（KF）"约束模型的上限值曲线控制。

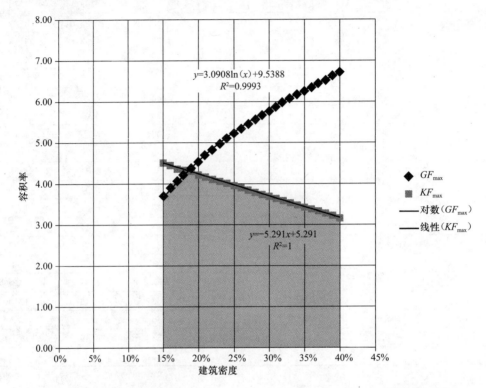

图7-10　居住组团用地"绿化指标—停车率—容积率（GKF）"约束模型上限值曲线叠加（$a=1$）

资料来源：笔者自绘

　　与此同时，当地下车库层数 $a=2$ 时，居住用地"绿化指标—容积率（GF）"约束模型和"停车率—容积率（KF）"约束模型的上限值曲线交点（$M=37\%$）所对应的容积率为 6.5（图7-11）。因此，当建筑密度在 $15\% \leqslant M \leqslant 37\%$ 的定义域范围内时，"停车率—容积率（KF）"约束模型的上限值要大于"绿化指标—容积率（GF）"约束模型的上限值，此时存在 $KF_{max} > GF_{max}$，故而居住用地"绿化指标—停车率—容积率（GKF）"值域化约束模型的最大值由"绿化指标—容积率（GF）"约束模型的上限值曲线控制；反之，当建筑密度在 $37\% \leqslant M \leqslant 40\%$ 的定义域范围内时，"停车率—容积率（KF）"约束模型的上限值要小于"绿化指标—容积率（GF）"约束模型的上限值，此时存在 $KF_{max} < GF_{max}$，故而居住用地"绿化指标—停车率—容积率（GKF）"值域化约束模型的最大值由"停车率—容积率（KF）"约束模型的上限值曲线控制。

　　综合上述分析，在其他条件都不变的前提下，在居住用地"绿化指标—停车率—容积率（GKF）"值域化约束模型中，当地下车库层数 $a=1$ 时，整个居住组团的容积率基本上是由"停车率—容积率（KF）"约束模型的最大值曲线来决定的，只是在建筑密度接近于本研究假设的最低值时由"绿化指标—容积率（GF）"约束模型的最大值曲线决定。当地下车库层数 $a=2$ 时，整个居住组团的容积率基本上是由"绿化指标—容积率（GF）"约

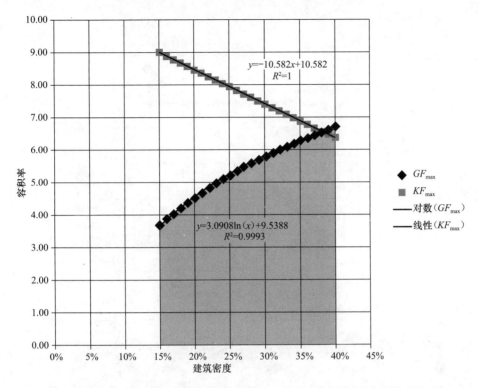

图 7-11 居住组团用地"绿化指标—停车率—容积率（*GKF*）"约束模型上限值曲线叠加（*a*=2）

资料来源：笔者自绘

束模型的最大值曲线来决定的，只是在建筑密度接近于本研究假设的最高值时由"停车率—容积率（*KF*）"约束模型的最大值曲线决定。因此，研究认为城市新建居住用地"绿化指标—停车率—容积率（*GKF*）"值域化约束模型的上限值在地下车库层数 *a*=1 时是由"停车率—容积率（*KF*）"约束模型的最大值曲线来决定的，而在地下车库层数 *a*=2 时是由"绿化指标—容积率（*GF*）"约束模型的最大值曲线来决定的。

以上情况表明，在地块内停车位数量较少的时候，城市新建居住用地"停车率—容积率（*KF*）"约束模型将会对居住组团的容积率上限值起到直接的控制作用，其影响下的上限值值域区间为（3.17，4.5）。但如果需要进一步提高容积率，则需要通过改变地下停车库的层数，即使地下车库层数增加（*a*=2），但此时又会受到居住用地"绿化指标—容积率（*GF*）"约束模型的影响和控制，其影响下的上限值值域区间为（3.74，6.74）。因此，相比较而言，通过建设双层停车库的方式来提高"停车率—容积率（*KF*）"约束模型的上限值，从而使整个"绿化指标—停车率—容积率（*GKF*）"值域化约束模型的上限值提高是一种更为有效的可在同时满足绿化和停车两个公共利益影响因子的情况下实现居住用地高密度开发的控制方式。

对于城市新建居住用地"绿化指标—停车率—容积率（*GKF*）"约束模型的最小值来说，由于其是对容积率的下限值进行控制，故而应该选择单因子下限值曲线叠加后的综合约束模型中容积率相对较高的下限值曲线作为居住用地"值域化"综合模型的下限值曲线。研究发现（图 7-12、图 7-13），不论地下车库层数 *a*=1 还是 *a*=2 时，"停车率—容积率（*KF*）"约束模型和"绿化指标—容积率（*GF*）"约束模型的下限值曲线都会产生一处

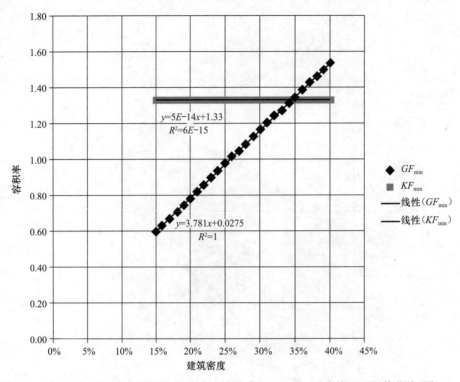

图 7-12 居住组团用地"绿化指标—停车率—容积率（GKF）"约束模型下限值曲线叠加（$a=1$）
资料来源：笔者自绘

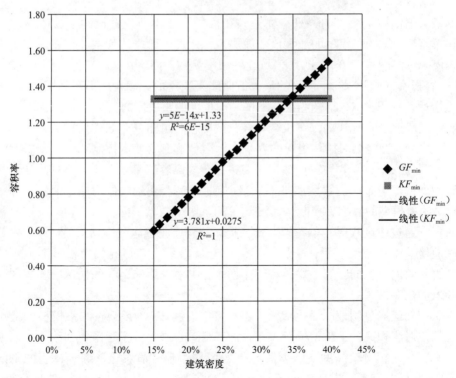

图 7-13 居住组团用地"绿化指标—停车率—容积率（GKF）"约束模型下限值曲线叠加（$a=2$）
资料来源：笔者自绘

交点，这个交点所对应的容积率（F=1.33）即为同时满足上述两个居住用地容积率单因子值域化模型的容积率下限值，此时对应的居住组团建筑密度 M=34%，这也就意味着，不论地下车库层数 a=1 还是 a=2 时，"绿化指标—停车率—容积率（GKF）"值域化约束模型的最小值同时由"停车率—容积率（KF）"约束模型和"绿化指标—容积率（GF）"约束模型的下限值进行控制。具体而言（图 7-12、图 7-13），当建筑密度在 15%≤M≤34%的定义域范围内时，"绿化指标—容积率（GF）"约束模型的下限值要小于"停车率—容积率（KF）"约束模型的下限值，此时存在 GF_{min}<KF_{min}，故而"绿化指标—停车率—容积率（GKF）"值域化约束模型的最小值是由"停车率—容积率（KF）"约束模型的下限值曲线控制的；反之，当建筑密度在 34%≤M≤40%的定义域范围内时，"绿化指标—容积率（GF）"约束模型的下限值要大于"停车率—容积率（KF）"约束模型的下限值，此时存在 GF_{min}>KF_{min}，故而"绿化指标—停车率—容积率（GKF）"值域化约束模型的最小值是由"绿化指标—容积率（GF）"约束模型的下限值曲线控制的。

综上所述，最终，经叠加后的城市新建居住用地"绿化指标—停车率—容积率（GKF）"值域化约束模型的上、下限值取值范围就如图 7-14 和图 7-15 所示。对于"绿化指标—停车率—容积率（GKF）"值域化约束模型的下限值来说，在地下车库层数 a=1 时，其最小值曲线表现为当建筑密度在 15%≤M≤34%的定义域范围内，地块容积率随地块建筑密度不发生改变的线性曲线，即 GKF_{min} 的取值恒等于 1.33；当建筑密度在 34%≤M≤40%的定义域范围内时，GKF_{min} 的取值范围为（1.33，1.54）。上限值曲线则由于同时受到"停车率—容积率（KF）"约束模型和"绿化指标—容积率（GF）"约束模型的上限值曲线的影响，

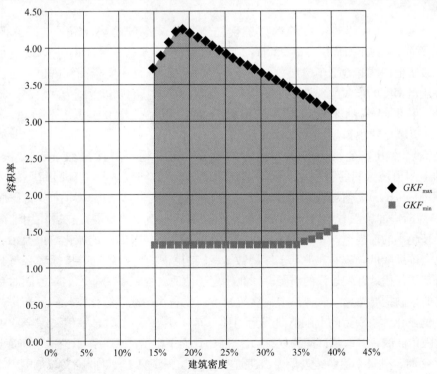

图 7-14 居住组团用地"绿化指标—停车率—容积率（GKF）"约束模型上下限值曲线（a=1）
资料来源：笔者自绘

123

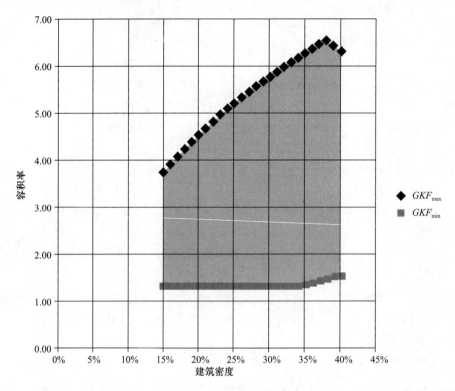

图 7-15 居住组团用地"绿化指标—停车率—容积率（GKF）"约束模型上下限值曲线（a=2）

资料来源：笔者自绘

表现出容积率随地块建筑密度的增大呈现先增加后减小的趋势，GKF_{max} 的取值范围为（3.17，4.29）。在地下车库层数 a=2 时，"绿化指标—停车率—容积率（GKF）"值域化约束模型的最小值曲线和地下车库层数 a=1 时的情况相同；而上限值曲线则也是表现出容积率随地块建筑密度的增大呈现先增加后减小的趋势，GKF_{max} 的取值范围为（3.74，6.56）。

此外，从值域范围来看，虽然城市新建居住用地"绿化指标—停车率—容积率（GKF）"值域化约束模型的上限值曲线（3.17，4.29）、（3.74，6.56）基本上能够满足组团层面高密度开发建设对容积率指标的要求，但在地下车库层数 a=1 时，（3.17，4.29）的上限值域区间的容积率仍然存在着相对较小的问题，与"日照间距系数—停车率—容积率（AKF）"值域化约束模型所面临的问题相同，其是以户均建筑面积取最大值（G=120）为前提的。随着国内未来住宅户型面积逐渐向小型化发展，在居住用地内户均建筑面积越来越小的前提下，"绿化指标—停车率—容积率（GKF）"值域化约束模型容积率的上限值也会逐渐降低，故而在地下车库层数 a=1 约束下的容积率上限指标势必将会逐渐无法满足未来居住用地开发建设的需要。因此，为了使地块容积率的上、下限值同时在实践中具有一定的控制指导意义，研究确定最终的城市新建居住用地"绿化指标—停车率—容积率（GKF）"值域化约束模型的上限值曲线为当地下车库层数 a=2 时，容积率综合约束模型所对应的上限值曲线，其取值区间为（3.74，6.56），而下限值曲线为：不论地下车库层数 a=1 还是 a=2 时，其最小值曲线表现为当建筑密度在 15%≤M≤34% 的定义域范围内，地块容积率随地块建筑密度不发生改变的线性曲线，即 GKF_{min} 的取值恒等于 1.33，当建筑密度在 34%≤M≤40% 的定义域范围内时，GKF_{min} 的取值范围为（1.33，1.54）。

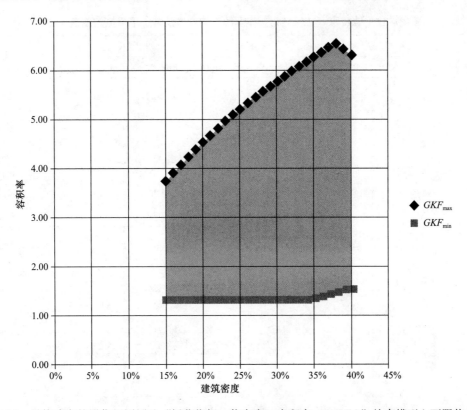

图 7-16　最终确定的居住组团用地"绿化指标—停车率—容积率（GKF）"约束模型上下限值曲线
资料来源：笔者自绘

7.3　城市新建居住用地容积率"值域化"综合约束模型（*AGKF*）建构

本章的前部分内容重点探讨了在同时考虑两种公共利益影响因子的作用时，城市新建居住用地容积率"值域化"约束模型的取值范围及其相应的取值条件。相对于单因子影响下居住用地容积率约束模型的建构，双因子综合影响下的居住用地容积率"值域化"约束模型更加能够反映出居住用地容积率指标的"公共利益"特征，也更加能够突出居住用地容积率指标除经济效率之外的社会公平属性。但既然本文筛选出了三类能够代表公共利益的居住用地容积率影响因子，那么就必然会存在三种单因子约束模型同时叠加并作用于居住用地容积率指标控制的可能。也就是说，为了完全体现出居住用地开发的公共利益属性，有必要将日照间距系数、人均公共绿地面积指标、停车率三个容积率单因子约束模型进行叠加，在相同的前提条件下（包括变量的选取和假定），对城市新建居住用地的容积率指标进行综合控制，即城市新建居住用地容积率"值域化"综合约束模型（*AGKF*）。表 7-6 说明了不同的居住用地容积率"值域化"约束模型中的影响变量及其上、下限值的取值条件。

不同居住用地容积率"值域化"模型的影响变量及其上下限值的取值条件　　　　表 7-6

数学模型 模型变量		AF		GF		KF		AGF		AKF		GKF		AGKF	
		MX	MN	MX	MN	MX	MN	MX	MN	MX	MN	MX	MN	MX	MN
建筑密度 M	MX	√		√			√	√			√	√			√
	MN		√		√	√			√	√			√	√	
户均建筑面积 G	MX			√		√		√		√		√		√	
	MN				√		√		√		√		√		√
人均住宅建筑面积 E_p	MX			√		√		√		√		√		√	
	MN				√		√		√		√		√		√
组团户数	MX														
	MN					√				√		√		√	
地块面积 S_x	MX									√				√	
	MN														
停车率 K	MX									√				√	
	MN					√				√		√		√	
人均公共绿地面积 M_p	MX		√												
	MN				√				√						√
日照间距系数 a	MX		√	√				√		√		√		√	
	MN	√		√		√				√		√		√	

注：MX、MN分别表示各居住用地容积率"值域化"模型以及影响变量的最大值、最小值；√表示居住用地容积率及其影响变量取极值时的对应关系。

资料来源：笔者自绘

通过前文的分析，在城市新建居住用地容积率双因子"值域化"约束模型中，有的模型实质上仍然是由一个单因子约束模型来控制，另外一个单因子约束模型不起作用，而有的模型是由两个单因子约束模型在不同的条件下共同作用的。具体而言，"日照间距系数—绿化指标—容积率（AGF）"值域化约束模型的最大值、最小值完全与"绿化指标—容积率（GF）"值域化约束模型的最大值、最小值相等；而对于居住用地"日照间距系数—停车率—容积率（AKF）"值域化约束模型和"绿化指标—停车率—容积率（GKF）"值域化约束模型而言，则是由两个单因子"值域化"约束模型共同作用的。

综上所述，由于在理想状态下（即假设基地周边不存在现状建筑物）居住用地"日照间距系数—容积率（AF）"约束模型的值域控制范围非常宽泛，同时，根据前文的分析，居住用地"绿化指标—容积率（GF）"值域化约束模型实质上是对"日照间距系数—容积率（AF）"约束模型的进一步修正，因此，其对城市新建居住用地容积率的控制作用最小，乃至于在模型建构阶段可以忽略不计。所以，对于城市新建居住用地容积率"值域化"综合约束模型（AGKF）来说，实质上可以等同于"绿化指标—停车率—容积率（GKF）"值域化约束模型。如果对城市新建居住用地"日照间距系数—容积率（AF）"约束模型、"绿化指标—容积率（GF）"约束模型、"停车率—容积率（KF）"约束模型的上、下限值曲线同时进行叠加，也可以证明上述观点。叠加后的结果如表7-7、图7-17所示。

组团层面城市新建居住用地容积率 "值域化" 综合约束模型 (AGKF) 区间值选择与控制

表 7-7

建筑密度	容积率单因子模型上限值			容积率单因子模型下限值			综合约束模型	
	AF 模型	GF 模型	KF 模型	AF 模型	GF 模型	KF 模型	上限值	下限值
15%	5.25	3.74	8.99	0.60	0.59	1.33	3.74	1.33
16%	5.60	3.91	8.89	0.64	0.63	1.33	3.91	1.33
17%	5.95	4.08	8.78	0.68	0.67	1.33	4.08	1.33
18%	6.30	4.24	8.68	0.72	0.71	1.33	4.24	1.33
19%	6.65	4.40	8.57	0.76	0.75	1.33	4.40	1.33
20%	7.00	4.55	8.47	0.80	0.78	1.33	4.55	1.33
21%	7.35	4.69	8.36	0.84	0.82	1.33	4.69	1.33
22%	7.70	4.83	8.25	0.88	0.86	1.33	4.83	1.33
23%	8.05	4.97	8.15	0.92	0.90	1.33	4.97	1.33
24%	8.40	5.10	8.04	0.96	0.94	1.33	5.10	1.33
25%	8.75	5.23	7.94	1.00	0.97	1.33	5.23	1.33
26%	9.10	5.35	7.83	1.04	1.01	1.33	5.35	1.33
27%	9.45	5.47	7.72	1.08	1.05	1.33	5.47	1.33
28%	9.80	5.59	7.62	1.12	1.09	1.33	5.59	1.33
29%	10.15	5.70	7.51	1.16	1.13	1.33	5.70	1.33
30%	10.50	5.81	7.41	1.20	1.16	1.33	5.81	1.33
31%	10.85	5.91	7.30	1.24	1.20	1.33	5.91	1.33
32%	11.20	6.01	7.20	1.28	1.24	1.33	6.01	1.33
33%	11.55	6.11	7.09	1.32	1.28	1.33	6.11	1.33
34%	11.90	6.21	6.98	1.36	1.31	1.33	6.21	1.36
35%	12.25	6.30	6.88	1.40	1.35	1.33	6.30	1.40
36%	12.60	6.40	6.77	1.44	1.39	1.33	6.40	1.44
37%	12.95	6.48	6.67	1.48	1.43	1.33	6.48	1.48
38%	13.30	6.57	6.56	1.52	1.46	1.33	6.56	1.52
39%	13.65	6.66	6.46	1.56	1.50	1.33	6.46	1.56
40%	14.00	6.74	6.35	1.60	1.54	1.33	6.35	1.60

资料来源：笔者自绘

从表 7-7 和图 7-17 可以看出，最终的居住用地容积率 "值域化" 综合约束模型 (AGKF) 也是在居住组团建筑密度 $15\% \leqslant M \leqslant 40\%$ 的定义域范围内，容积率指标随建筑密度的变化曲线。综合约束模型的上限值曲线，由 "绿化指标—容积率 (GF)" 约束模型和 "停车率—容积率 (KF)" 约束模型的上限值曲线共同决定。具体而言，在组团建筑密度 $15\% \leqslant M \leqslant 37\%$ 的定义域范围内，居住用地容积率 "值域化" 综合约束模型 (AGKF) 的上限值曲线是由 "绿化指标—容积率 (GF)" 值域化约束模型的上限值曲线来决定的，而在组团建筑密度 $37\% \leqslant M \leqslant 40\%$ 的定义域范围内，居住用地容积率 "值域化" 综合约束模型 (AGKF) 的上限值曲线又是由 "停车率—容积率 (KF)" 约束模型的上限值曲线来决定的，其上限值曲线的值域范围是 (3.74，6.56)。因此，在整个定义域范围内，"日照间距系数—容积率 (AF)" 约束模型没有起到约束控制作用。

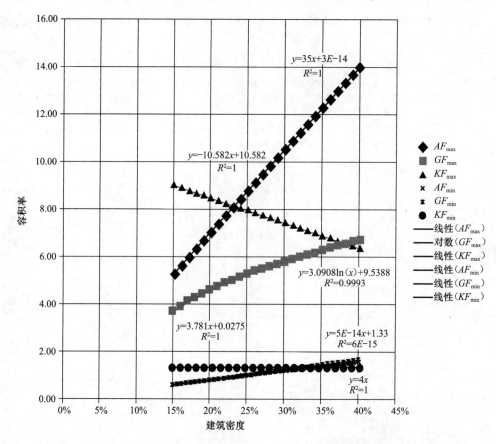

图 7-17 城市新建居住用地容积率 "值域化" 综合约束模型（AGKF）上下限值曲线

资料来源：笔者自绘

  对于城市新建居住用地容积率 "值域化" 综合约束模型（AGKF）的下限值曲线来说，在居住组团建筑密度 15%≤M≤40% 的定义域范围内是由 "日照间距系数—容积率（AF）" 约束模型和 "停车率—容积率（KF）" 约束模型的下限值曲线共同决定的，其下限值取值区间为（1.33，1.60）。具体而言，在居住组团建筑密度 15%≤M≤34% 的定义域范围内，居住用地容积率 "值域化" 综合约束模型（AGKF）的下限值曲线是由 "停车率—容积率（KF）" 约束模型的下限值曲线来决定的，而在居住组团建筑密度 34%≤M≤40% 的定义域范围内，居住用地容积率 "值域化" 综合约束模型（AGKF）的下限值曲线又是由 "日照间距系数—容积率（AF）" 约束模型的下限值曲线来决定的。因此，在整个定义域范围内，"绿化指标—容积率（GF）" 约束模型都没有起到约束控制作用。

  综上所述，对于能够在完全意义上体现居住用地 "公共利益" 的容积率 "值域化" 综合约束模型而言，原则上讲，"日照间距系数—容积率（AF）" 约束模型应该是三个容积率单因子约束模型中最为重要的一个，但由于本研究在模型建构阶段假设居住组团地块周边是没有现状建设的，故而理论上的 "日照间距系数—容积率（AF）" 约束模型就必然会出现其上限值和值域范围同时过大的可能，这就导致日照条件对居住用地容积率 "值域化" 综合约束模型（AGKF）的影响程度非常有限，甚至没有影响。同时，对于容积率 "值域化" 综合约束模型（AGKF）的上限值曲线而言，主要由 "绿化指标—容积率

（GF）"值域化约束模型的上限值曲线来决定，说明相比较而言，绿化条件（居住组团的公共绿地面积）要比停车条件（停车率）对居住用地容积率的约束作用更为明显。因此，为了体现组团层面城市新建居住用地开发建设的综合公共利益，首先应在满足日照条件的基础上确保人均公共绿地面积的指标要求，进而应确保 1/3 组团公共绿地面积在标准日照阴影线范围之外。在满足以上条件的基础上，如果对于居住用地内地下停车库的建设能够实现最经济的方式，那么，在满足绿化条件基础上的容积率指标也必然能够满足停车条件基础上的容积率指标。

此外，基本上是由"停车率—容积率（KF）"值域化约束模型决定的容积率"值域化"综合约束模型（AGKF）下限值曲线也说明了在确保居住组团一定的人口规模的基础上最基本的停车标准对于一个居住组团开发建设的约束作用。若要进一步提高综合约束模型中上限值的标准，可以通过减小户均建筑面积来实现；而要进一步降低综合约束模型中下限值的标准，则可以通过增大停车率的方式来实现。表 7-8 综合反映了在居住组团层面城市新建居住用地容积率"值域化"控制的取值区间及其对应的定义域情况。

组团层面城市新建居住用地容积率"值域化"综合约束模型（AGKF）区间值大小及其定义域取值条件

表 7-8

指标及变量			最大值	最小值
值域	容积率 F	上限值	6.56	
		下限值		1.33
定义域	建筑密度 M	上限值		$M=40\%$
		临界值	$M=37\%$	
		下限值		
	地块面积 Sx（公顷）	上限值		6
		下限值		
	居住户数（户）	上限值		
		下限值		1000
	户均建筑面积 G（平方米/人）	上限值	$G=120$	
		下限值		$G=80$
	停车率 K	固定值	$K=1$	
	人均公共绿地面积 M_p	固定值	$M_p=0.5$	
	人均住宅建筑面积 E_p	固定值	$E_p=30$	
	日照间距系数 a	固定值	地方性日照间距系数	

资料来源：笔者自绘

7.4 模型验证——西安市新建居住用地容积率综合约束"值域化"模型（AGKF）建构及调整建议

为了对本研究所制定的居住用地容积率单因子约束模型的可行性进行分析与判断，即在满足地方性公共利益指标（变量）要求的前提下［包括"日照间距系数—容积率（AF）"约束模型中的地方性的日照间距系数、"停车率—容积率（KF）"约束模型中的停车率指标，而"绿化指标—容积率（GF）"约束模型与国家层面规范《城市居住区规划设计规范》GB 50180—93 中的人均公共绿地面积要求相同,因此不需要单独考虑],居住用地容积率单因子约束模型所确定的容积率取值范围是否与理想状态存在差异,从而在模型验证阶段,在此基础上对样本居住用地地块的初始容积率进行优化与调整。但毕竟城市新建居住用地容积率单因子约束模型无法对居住用地内的综合环境质量和整体公共利益进行全面控制,因此必须运用本章所确定的居住用地容积率"值域化"综合约束模型(AGKF)对研究所选的西安市 36 个居住用地样本地块进行全面的验证,并在此基础上提出基于"公共利益"的西安市新建居住用地容积率"值域化"的控制方法和控制指标调整建议,同时实现对居住用地容积率"值域化"综合约束模型(AGKF)的验证和居住用地地块样本容积率指标的"公共利益"全覆盖。

在具体的研究方法上,根据前文模型建构阶段的分析结果,对选取的西安市新建居住用地样本容积率"值域化"综合约束模型(AGKF)的建构也是同时以上、下限值控制为主的。首先对前文中分别确定的西安市新建居住用地的初始容积率 F_o、"日照间距系数—容积率(AF)"约束模型、"绿化指标—容积率(GF)"约束模型(该模型实质上为下限值控制)、"停车率—容积率(KF)"约束模型中的容积率最大值进行比较,取四者中的最小值作为西安市城市新建居住用地容积率"值域化"综合约束模型(AGKF)的最大值 F_{max},其次,取西安市新建居住用地"绿化指标—容积率(GF)"约束模型的最小值作为西安市城市新建居住用地容积率"值域化"综合约束模型(AGKF)的最小值 F_{min}[根据分析,该最小值实质上完全是由"绿化指标—容积率(GF)"约束模型的下限值进行控制],将分别得到的综合约束模型最大值和最小值与样本居住用地审批通过的初始容积率 F_o 进行比较,从而提出相应的调整策略,即如果初始容积率 F_o 在"值域化"综合约束模型的区间范围内(即 $F_{min} \leqslant F_o \leqslant F_{max}$),那么,说明初始容积率能够满足样本居住用地内代表各类公共利益的多因子综合约束模型的要求,不需要进行容积率调整。反之,如果初始容积率 F_o 在综合约束"值域化"模型的区间范围以外($F_o > F_{max}$ 或者 $F_o < F_{min}$),则需要对初始容积率进行相应的调整。需要说明的是,为了更加清晰地说明西安市城市新建居住用地容积率"值域化"综合约束模型(AGKF)的取值来源,各容积率单因子模型的上、下限值都是在单因子模型阶段经过调整优化后的取值,对于仍采用初始容积率的单因子"值域化"模型的容积率最大值则不予表示。

基于居住用地容积率"值域化"综合约束模型的西安市
新建居住用地容积率调整建议　　　　　　　　　　　表 7-9

编号	项目名称	初始容积率	AF 模型		GF 模型		KF 模型		AGKF 模型	
		F_o	F_{max}	F_{min}	F_{max}	F_{min}	F_{max}	F_{min}	F_{max}	F_{min}
1	样本 1	2.50	2.44	×	2.32	1.44	●	×	2.32	1.44
2	样本 2	3.60	●		3.18	0.71	●	×	3.18	0.71
3	样本 3	4.05	●	×	3.36	0.83	●	×	3.36	0.83
4	样本 4	3.50	●	×	3.11	0.74	●	×	3.11	0.74
5	样本 5	3.81	3.79	×	3.25	1.04	●	×	3.25	1.04
6	样本 6	3.98	●	×	3.33	1.79	●	×	3.33	1.79
7	样本 7	3.50	3.23	×	3.15	0.53	●	×	3.15	0.53

续表

编号	项目名称	初始容积率	AF 模型		GF 模型		KF 模型		AGKF 模型	
		F_0	F_{max}	F_{min}	F_{max}	F_{min}	F_{max}	F_{min}	F_{max}	F_{min}
8	样本 8	4.90	●	×	4.12	0.77	●	×	4.12	0.77
9	样本 9	2.50	●	×	2.41	0.25	●	×	2.41	0.25
10	样本 10	3.07	3.03	×	2.77	0.30	●	×	2.77	0.30
11	样本 11	4.25	●	×	3.68	1.26	3.65	×	3.65	1.26
12	样本 12	4.93	●	×	4.19	0.59	●	×	4.19	0.59
13	样本 13	2.87	●	×	2.55	0.66	●	×	2.55	0.66
14	样本 14	3.35	3.13	×	3.03	0.80	●	×	3.03	0.80
15	样本 15	5.06	●	×	4.34	0.97	4.27	×	4.27	0.97
16	样本 16	3.50	3.38	×	3.15	0.88	●	×	3.15	0.88
17	样本 17	2.40	●	×	2.22	0.28	●	×	2.22	0.28
18	样本 18	3.59	●	×	3.27	0.86	●	×	3.27	0.86
19	样本 19	4.76	●	×	4.01	0.70	●	×	4.01	0.70
20	样本 20	5.30	●	×	4.30	0.58	●	×	4.30	0.58
21	样本 21	3.90	●	×	3.28	0.72	●	×	3.28	0.72
22	样本 22	6.23	●	×	4.97	1.27	●	×	4.97	1.27
23	样本 23	3.50	3.19	×	3.15	0.48	●	×	3.15	0.48
24	样本 24	5.30	5.18	×	4.31	0.85	●	×	4.31	0.85
25	样本 25	2.52	2.37	×	2.35	0.61	●	×	2.35	0.61
26	样本 26	6.00	●	×	5.05	0.54	●	×	5.05	0.54
27	样本 27	2.57	2.43	×	2.40	0.76	●	×	2.40	0.76
28	样本 28	7.59	7.42	×	6.21	0.82	7.47	×	6.21	0.82
29	样本 29	2.90	●	×	2.41	1.21	●	×	2.41	1.21
30	样本 30	2.40	●	×	2.23	0.28	●	×	2.23	0.28
31	样本 31	6.76	6.14	×	5.18	0.66	5.15	×	5.15	0.66
32	样本 32	5.72	●	×	4.48	0.28	●	×	4.48	0.28
33	样本 33	4.48	●	×	3.89	0.51	●	×	3.89	0.51
34	样本 34	4.84	●	×	3.96	0.74	●	×	3.96	0.74
35	样本 35	3.38	3.26	×	3.12	0.88	●	×	3.12	0.88
36	样本 36	4.25	●	×	3.88	1.58	●	×	3.88	1.58

注：●表示居住用地初始容积率在各项单因子约束模型的取值区间范围内，说明初始容积率能够满足居住用地内各类公共利益单因子约束的要求，不需要进行容积率调整；×表示不需要进行容积率控制，主要指不需要对已批项目中的容积率上限值或下限值进行控制。

资料来源：笔者自绘

从表 7-9 基于居住用地容积率"值域化"综合约束模型的西安市新建居住用地容积率调整建议可以看出，实质上，最终的西安市城市新建居住用地容积率"值域化"综合约束模型（AGKF）的最大值是由项目的初始容积率 F_0、"日照间距系数—容积率（AF）"约束模型、"停车率—容积率（KF）"约束模型的上限值共同决定的，并取三者中最小的容积率上限值作为最终综合约束模型的上限值，而下限值则由"绿化指标—容积率（GF）"约束模型的下限值单独决定，这与本研究中的理论层面居住用地容积率"值域化"约束模型的控制方法基本一致。如此形成的居住用地综合"值域化"模型的值域范围就代表了能够同时满足西安市地方性的日照、停车和绿化配置三项公共利益因子的容积率取值范围。

从单项因子的控制作用来看，根据上文的分析，西安市城市新建居住用地容积率"值域化"综合约束模型（AGKF）的下限值完全由"绿化指标—容积率（GF）"约束模型的下限值控制，即为了确保样本居住用地内 400 平方米的最小公共绿地面积，未来的实际开发的容积率不能低于模型规定的下限值。根据本文的分析，在"值域化"综合约束模型的上限值中，"日照间距系数—容积率（AF）"约束模型不起控制作用，"停车率—容积率（KF）"约束模型起控制作用的样本地块只有 4 个，而"绿化指标—容积率（GF）"约束模型起控制作用的有 32 个。综上所述，可以认为，选取的西安市城市新建居住用地样本在理想的开发状态下虽然可以同时满足日照和停车（极少部分不能满足）两项指标的要求，但作为公共利益的重要影响因子之一，长期以来，在规划管理过程中，对于绿化配置（尤其是同时满足公共绿地在规模和日照标准的要求）的审核缺失使得西安市城市新建居住用地的初始容积率往往不能满足国家规定的绿化标准，从而使公共利益也无法得到根本性和全面性的保障。

7.5　本章小结

本章重点探讨了对城市新建居住用地容积率单因子"值域化"约束模型进行叠加后形成的各类居住用地容积率"值域化"综合约束模型与单因子模型在控制结果上存在的差异。由于在相同的定义域范围内，城市新建居住用地容积率综合约束模型上、下限值必然不同于单因子约束模型影响下的容积率上、下限值，故而其研究意义相对于居住用地容积率单因子约束模型来讲更加重要，也更加能够符合城市居住用地开发的综合性公共利益。在具体的技术路线上，首先对城市新建居住用地"日照间距系数—容积率（AF）"约束模型、"绿化指标—容积率（GF）"约束模型、"停车率—容积率（KF）"约束模型进行两两叠加，分别形成"日照间距系数—绿化指标—容积率（AGF）"值域化约束模型、"日照间距系数—停车率—容积率（AKF）"值域化约束模型和"绿化指标—停车率—容积率（GKF）"值域化约束模型，从而探讨居住用地容积率双因子"值域化"约束模型上限值和下限值的取值范围及其适用条件。最后将以上三个容积率单因子约束模型进行综合叠加，形成基于公共利益的城市新建居住用地容积率"值域化"综合约束模型（AGKF）。

由于在理想状态下（即假设基地周边不存在现状建筑物）"日照间距系数—容积率（AF）"约束模型的值域范围非常宽泛（0.6，14），因此其对城市新建居住用地容积率的控制作用最小，乃至于在模型建构阶段可以忽略不计，而是在模型验证阶段进行重点考虑。所以，对于城市新建居住用地容积率"值域化"综合约束模型（AGKF）来说，就可以等同于"绿化指标—停车率—容积率（GKF）"值域化约束模型，故而对于居住用地容积率综合约束模型值域的探讨实质上也就是对"绿化指标—停车率—容积率（GKF）"值域化约束模型上、下限值的探讨。

从研究结果来看，城市新建居住用地容积率"值域化"综合约束模型（AGKF）的上限值曲线主要由"绿化指标—容积率（GF）"约束模型的上限值曲线来决定，其值域范围为（3.74，6.56），说明了绿化条件在对居住用地容积率上限值的控制中起最主要的作用；而居住用地容积率"值域化"综合约束模型（AGKF）的下限值曲线主要由"停车率—容积率（KF）"约束模型的下限值曲线来决定，其值域范围为（1.33，1.60）。因此，研究认为，根据对各容积率单因子约束模型中的变量取值分析，若要进一步提高综合约束模型中容积率上限值的标准，可以通过在一定程度上减小户均建筑面积和增大停车率的方式来实现，而容积率综合约束模型中下限值的标准则无法进一步降低。但以上两项措施均和目前国家层面的增大居住用地内的停车率和减小户均建筑面积的相关政策不相吻合，这就说明对于城市新建居住用地容积率"值域化"综合约束模型（$AGKF$）来说，若要同时满足本研究所界定的所有公共利益指标，在居住组团层面的城市新建居住用地容积率最大值要控制在 6.56 的极限水平。

8 结 语

8.1 研究的创新之处

从研究意义上看，虽然在国家层面《城乡规划法》（2008）、《城市规划编制办法》（2006）和《城市、镇控制性详细规划编制审批办法》（2011）等法律、法规的颁布与实施使控制性详细规划的法定性进一步加强，但从控制性详细规划编制的角度来说，特别是容积率指标的确定，缺乏体现足够的科学性和公共政策属性是其被诟病的主要原因。本研究的目标就在于以土地开发的"公共利益"属性为导向，通过数学建模的方式提出城市新建居住用地容积率指标的"值域化"控制方式，在编制方法上探索一种具有动态性及灵活性的开发强度指标体系，从而实现相关法律、法规对控制性详细规划，特别是容积率指标确定方法提出新要求的一种方法与技术应对。

8.1.1 从社会公平的视角出发体现城市新建居住用地容积率的"公共利益"特征

研究摒弃了传统意义和经验上对城市开发过程中以及规划编制过程中，以主观经验判断、经济分析（密度分区、土地投入产出分析）或者形态模拟等为重点的容积率指标确定方式，从以往单一追求"效率"为导向的开发强度指标制定到重点关注"社会公平"的研究视角，选取了居住组团层面对容积率最具有影响作用的三个因子——日照、绿化、停车，进而分别通过"日照间距系数—容积率（AF）"约束模型、"绿化指标—容积率（GF）"约束模型、"停车率—容积率（KF）"约束模型三种单因子影响下的居住用地容积率约束模型的建构，确保地块容积率指标及其影响因子在取值上都能够符合《城市居住区规划设计规范》GB 50180—93 的各项指标要求，最终将各容积率单因子约束模型进行叠加形成居住用地容积率"值域化"综合约束模型（KAGF），从而使其在开发强度指标上能够完全体现城市新建居住用地开发的"公共利益"属性特征。

8.1.2 通过居住用地容积率"值域化"的控制方式在开发控制层面应对城市规划价值取向转变

研究不仅提出了基于公共利益的城市新建居住用地容积率指标的"值域化"控制方法，同时针对国内目前容积率指标确定存在的仅以单一值实行控制所带来的问题，在借鉴相关研究成果的基础上，首先在理论上验证了容积率"值域化"控制的重要意义和必要性，即对容积率"下限值"的控制也是城市"公共利益"的一种体现方式，进而提出对于城市新建居住用地容积率"值域化"的控制方法，对容积率进行"限高"主要是为了满足狭义层面的公共利益，而对容积率进行"限低"主要是为了满足理论上广义层面的公共利益（即经济福利和社会福利的最大化）。在具体的容积率单因子和多因子约束模型的建构中，对于上限值［包括"绿化指标—容积率（GF）"约束模型和"停车率—容积率（KF）"约束模型］的考虑主要是以满足《城市居住区规划设计规范》GB 50180—93 对影响因子的最低要求为原则，而对于下限值［主要指"绿化指标—容积率（GF）"约束模型］，则更多地是考虑到确保居住组团层面最基本的开发建设规模来支撑相应的服务设施，同时避免开发商的"囤地"行为。研究发现，在居住组团层面（地块面积 4～6 公顷，建筑密度 15%～40%）容积率的值域区间能满足（1.33，6.56）的区间范围时，该地块的容积率指标可以同时满足研究提出的日照、绿化、停车三项代表"公共利益"的影响因子，并且能够保障最基本的组团公共绿地面积及日照条件要求。故而，通过"值域化"的控制手段可以有效弥补目前国内在指标制定层面普遍采用单一值控制而造成的刚性过强问题，使容积率指标的制定过程体现符合城市居民公共利益的"弹性"特征。

8.1.3 采用数学建模及计算机模拟确保新建居住用地容积率"值域化"模型的科学性

本研究在技术方法上采用数学建模结合计算机软件模拟的方式将居住用地容积率指标与保障公共利益的国家规范充分结合，建立定量的数学逻辑关系，实现开发控制指标制定技术路线的客观性。例如对于"停车率—容积率（KF）"约束模型的建构主要是基于国家规范的指标关联和数学计算，而"日照间距系数—容积率（AF）"约束模型的建构则采用了目前国内使用最为普遍的基于遗传算法的包络体分析，分析计算过程需要借助于计算机软件来实现，最后对于"绿化指标—容积率（GF）"约束模型则是同时使用了计算机软件和数学公式的推演来实现。虽然完全基于主观经验判断的容积率指标确定方法早已被学术界所诟病，并且国内目前已有相关研究成果也是采用数学建模与计算机编程相结合的技术对容积率进行量化研究，但往往都是基于单一的视角或技术核心（例如目前研究最多的日照约束、投入产出分析等），而忽视了其他因素的影响作用，导致模型的适用性不强。本研究的最大特点就在于将集中代表"公共利益"的容积率影响因子统一到了一个模型框架体系内，不仅分别探讨在单因子影响下的居住用地容积率"值域化"的取值范围，更重要的是也考虑了在所有"公共利益"影响因子的共同作用下居住用地容积率"值域化"指标的取值范围问题，使居住用地容积率指标的"公共利益"属性更强，故而适用性和指导性就更强。

8.2 研究的不足之处

8.2.1 体现公共利益的居住用地容积率影响因子的覆盖问题

从本研究的对象来看，虽然是基于"公共利益"的城市新建居住用地容积率"值域化"约束模型的建构问题，要求在考虑居住组团容积率的影响因素时对各种代表"公共利益"的因子体系的选择要全面，但现实当中要全面概括居住用地容积率的所有"公共利益"影响因素是不可能的，即使在影响因素相对较少的居住组团层面。虽然本研究选择了日照、绿化、停车三项最典型的公共利益影响因素来作为居住组团容积率的单因子模型变量，并将居住组团层面相对不重要的公共服务设施因子排除在外，但事实上居住组团的容积率仍然可能会受到一些规模较小的公共设施的影响，例如同样对日照条件有刚性要求并且也会影响到居住组团人口规模的幼儿园。虽然研究可假定在理想条件下将幼儿园与日照阴影范围线外的公共绿地相结合，但并未对二者之间的占地规模进行详细研究，故而会给最终的结果带来一定的影响。

8.2.2　假设条件与过于刚性的模型匡算技术对结果的影响

任何一个理论层面的数学模型都是基于一定的假设条件而建构的。一般而言，理想化的数学建模只能解决单一层面的问题，而对于复杂的问题，则需要对部分条件进行假设，假设条件越多，越会对最终结果的准确性和合理性造成影响。容积率作为城市社会、经济、环境等条件作用的综合反映，即使单从社会公平的角度出发对容积率指标进行计算，在建模的过程中如果完全基于现实的角度而不作任何的前提假设或者常量化处理，那么所形成的数学模型也可能会出现过于复杂而导致无法计算的情况〔例如如果考虑到地块周边有现状建筑的影响，那么理论上的"日照间距系数—容积率（AF）"约束模型就会受到周边地块建筑的高度、距离、窗户位置等多个不确定性因素的影响而无法构建〕。正如上文所言，由于受到地块大小、地块形状的影响，在所有外部社会经济条件都相同的条件下，同一地段的居住用地容积率也可能会存在着差异。以"停车率—容积率（KF）"约束模型为例，事实上，根据经验可知，居住用地地块的形状对地下停车位的设置和利用率会产生直接的影响，但地块大小和形状等条件对容积率的影响更是无法抽象成用数学模型来表达，故而本研究对此是在一种非常理想的用地状态下（规整的矩形），尽可能地对一些影响不大或者定义域范围较小的变量进行假设，使之成为一个常量。这种假设虽然也会给结果的准确性带来影响，但从另一方面来说，也能够清晰地反映出容积率指标随某一个或部分变量的变化情况，有利于模型的实际操作和应用。

8.2.3　如何在编制层面解决容积率指标的效率与公平矛盾

公平可以提高人们参与各种活动的积极性和主动性，促进社会整体效率的改善和提高。一般地，主体内在的评价机制是其能否积极参与到活动中的必要条件。如果一个社会的政治、经济、道德等秩序被各种活动主体所认同、肯定，他就能作出积极的反应，其活动的结果也往往有较高的效率。反之，假如主体对现有的社会现象和状况持否定的态度，他就会做出消极的甚至是对抗性的行为，其活动的效率也往往是低下的。社会在规定其主体的义务、责任的同时也应该尊重其自身的利益和价值，于是会产生一种行为的"自我"性意识，从而把他人与自我联系起来，形成一种社会化的自我意识，即行为不仅仅是为了其他人，也是为了自己，是互利的行为。这样，社会各阶层成员就能够充分发挥自己的主观能动性，促进效率的提高。

虽然公平与效率具有统一性，但在社会经济运行中不可避免地存在着矛盾和冲突，表现为对立性，特别是对于我国目前的经济发展阶段来说，在指标的确定方面更是以"效率"为主，甚至只顾"效率"而对"公平"视而不见，这就为容积率"值域化"模型的应用带来了一定的难度，更多地需要在具体的规划管理过程中通过制度创新和行政干预的手段和方式去实现。因此，相比之下，城市新建居住用地容积率"值域化"在实施管理层面的制度建设更加重要。

8.3 研究展望

基于"公共利益"的城市新建居住用地容积率"值域化"模型及其控制方法是从技术层面对目前城市规划价值取向转变的一种探索，也是在开发控制和城市开发管理层面对其核心内容目前面临的问题进行解决的一次尝试。但在实际操作管理中，复杂的数学模型对于大多数规划管理人员来说存在技术难度，计算过程复杂，也增加了管理的成本。针对此问题，笔者建议在未来的类似研究中可以借鉴国内规划领域通过编程将规划相关规范、标准转化成程序软件的成果形式（例如众智日照分析软件、湘源控规软件等），最终将抽象的开发强度"值域化"数学模型成果转换为图形化、可视化的视窗操作系统，这样既实现了人机互动的友好性界面操作，更重要的是给广大管理者带来了方便。

既然要实现视窗操作系统，那么对城市开发过程中容积率及其影响因素变化信息的动态更新与动态调整就是首要前提，只有及时、准确的基础信息才能确保容积率"值域化"模型的有效利用。此外，随着计算机技术和网络的家庭化普及，基于网络在线的规划投诉与回应机制，特别是基于网络在线的公众参与 GIS 系统 PPGIS（Steve Carver et al.，2001年）的建立，对实现网络信息民主和利益互动提供了更为便捷和易于操作的对话平台，不仅增加了利益主体之间（主要指政府、开发商、市民大众）的沟通方式和沟通途径，也为在开发控制层面的城市规划投诉与回应机制的建立创造了更为大众化的外部条件。

城市规划和城市管理最终的目的就在于使众多利益群体的不同意愿和诉求得以表达和实现，使具有"公共政策"价值取向的城市规划能够提供一种实现社会公平的协调机制。因此，在新形势下，只有使以往城市规划的"效率优先"价值观属性升级为服务于民的"双赢视角"属性，并通过一定的制度化途径建立起有效的问责机制，才能从根本上实现以利益多元化为特征的当代城市社会需求。这不仅能够实现社会经济发展转型对城市规划提出的新要求，也是新形势下构建和谐社会的根本途径。

附录 初步选取的 100 个西安市新建居住用地样本地块指标统计

编号	项目名称	用地面积（hm²）	总建筑面积（m²）	容积率	建筑密度（%）	平均层数	总户数	总人口	绿地率（%）	停车位（个）
		Sx	A	F	M	n	P	N	y	KP
1	西安市莲湖区龙景温泉山庄	0.17	7097.3	3.50	55.9	6.3	64	205	36.0	55
2	中铁十七局	2.50	66611.0	2.50	30.9	8.1	462	1478	41.2	60
3	武警陕西总队雁翔路小区	3.33	3805.8	3.60	34.3	10.5	40	128	30.0	314
4	陕西崇立实业发展有限公司住宅	0.40	32628.0	7.90	28.0	28.2	373	1194	27.0	203
5	东风仪表厂	1.10	167679.0	1.52	26.3	5.8	1534	4909	35.0	77
6	长缨路住宅小区	1.88	46904.0	2.49	31.8	7.8	457	1462	32.0	28
7	中华世纪城小区	41.30	961655.0	2.01	20.8	9.7	8330	26656	42.4	3000
8	西安建大科教产业园华鑫学府城	39.00	1050723.0	2.69	17.0	15.8	15367	49173	45.0	8000
9	西安市人才服务中心单位职工住房	0.67	26731.0	3.46	18.4	18.8	270	864	33.0	70
10	含光日出苑小区	0.77	53669.0	6.40	27.8	23.0	450	1440	38.0	100
11	未央区农村信用联社	1.41	43260.0	2.62	23.8	11.0	354	1133	33.3	113
12	谭家花苑商住小区	3.34	135425.0	4.05	18.3	22.1	1214	3885	40.0	611
13	西安丈八东路住宅小区	4.68	213429.0	3.50	21.0	16.7	1536	4915	35.5	826
14	梅苑温泉小区	2.27	94874.0	3.81	34.1	11.2	1004	3213	39.0	281
15	石棉厂安置楼	0.38	23961.6	5.85	27.9	21.0	324	1037	35.0	66
16	龙腾新世界 2 期	1.42	83192.7	5.34	36.4	14.7	880	2816	29.8	153
17	龙首置业有限公司职工住宅	0.80	57962.0	7.20	38.2	18.8	675	2160	40.1	352
18	陕西环美置业建大洋房	2.01	79898.0	3.98	25.8	15.4	554	1777	45.0	289
19	在水一方	0.83	36569.0	3.99	14.9	26.9	315	1102	38.0	241
20	领·寓	0.54	32865.0	4.81	27.5	17.5	330	1056	30.0	211
21	陕西师范大学雁塔校区二期住宅	5.33	118797.0	3.50	26.0	13.5	1050	3360	31.5	293
22	西安世纪联合小区	4.16	219525.0	4.90	20.4	24.0	1836	5508	38.0	1368

续表

编号	项目名称	用地面积（hm²）	总建筑面积（m²）	容积率	建筑密度（%）	平均层数	总户数	总人口	绿地率（%）	停车位（个）
		Sx	A	F	M	n	P	N	y	KP
23	上海裕都苑（莲湖中央公园）二期	9.07	275387.0	2.50	13.0	19.2	2984	9549	53.0	718
24	武警陕西边防总队住宅	0.84	29384.0	2.91	25.7	11.3	255	816	35.0	106
25	幸福宜家小区	0.55	37010.0	8.30	24.6	33.7	408	1306	38.0	184
26	福景美地	1.84	85006.0	7.25	38.8	18.7	707	2262	30.2	616
27	金裕花园二期	0.66	34922.7	4.60	34.8	13.2	378	1210	31.6	199
28	唐华三棉住宅	7.72	27681.2	3.07	26.0	11.8	300	960	34.0	76
29	蓉锦园住宅小区	2.00	84450.0	4.25	26.7	15.9	836	2675	38.5	447
30	西号巷3号院	1.05	22143.0	2.31	32.0	7.2	240	768	23.2	111
31	丰硕佳园住宅小区	4.29	246425.0	4.93	26.4	18.7	2437	7798	35.5	1115
32	安盛花苑	1.02	60098.0	5.90	20.0	29.5	647	2070	39.0	480
33	百欣花园	3.85	110395.0	2.87	18.6	15.5	1081	3459	44.6	564
34	崇业路住宅小区	1.38	40020.0	2.90	19.9	14.6	449	1437	35.5	317
35	西安水泥制管厂家属区	3.35	112222.0	3.35	26.2	12.8	1115	3345	38.0	438
36	西航怡鼎苑小区	3.30	188855.0	5.06	33.5	15.1	1573	4719	30.5	1268
37	西安机床厂、保温瓶厂职工住宅	0.32	22016.0	6.88	21.5	32.0	222	710	36.0	66
38	西安残疾人联合会单位职工住房	0.98	34155.0	3.49	32.4	10.8	365	1168	39.8	188
39	西北政法大学教职工住宅小区	1.59	45464.0	2.35	10.1	23.3	416	1331	42.0	299
40	新6号高层住宅	0.35	22395.0	6.40	30.0	21.3	212	678	27.1	112
41	玄武路小区配套用房	0.62	5470.0	0.90	27.6	3.3	56	179	39.0	33
42	丈八北路小区	18.60	615780.0	3.31	16.7	19.8	7260	21780	42.0	2990
43	长乐坡住宅小区	1.39	45164.0	5.65	22.5	25.1	476	1523	35.5	144
44	长缨东路住宅楼	0.60	17609.0	11.0	33.8	32.6	156	468	25.0	94
45	纯翠花园	0.53	49078.0	9.26	45.9	20.2	420	1260	25.3	403
46	汇腾在水一方	0.75	36570.0	3.99	14.9	26.9	316	1011	38.0	241
47	佳信花园	1.81	26742.0	1.48	28.0	5.3	258	826	40.0	214
48	景泰茗苑	0.85	51275.0	6.03	28.9	20.8	570	1710	35.2	419
49	老年公寓	16.93	218407.0	1.45	22.3	6.5	1746	5587	40.0	534
50	莲寿坊小区	1.59	43785.0	2.75	43.4	6.3	437	1398	38.5	293
51	31街坊住宅楼	2.71	84125.0	3.50	17.3	20.2	882	2822	40.0	308
52	电子物资西北公司职工住宅	0.68	27661.0	4.07	45.0	9.0	256	819	35.0	48
53	西安东风仪表厂二期高层住宅楼	0.75	40612.0	5.41	19.7	27.5	340	1088	50.4	120
54	西安茗景小区住宅	9.50	232255.0	2.40	18.5	13.0	2168	6938	38.6	1626

续表

编号	项目名称	用地面积（hm²）	总建筑面积（m²）	容积率	建筑密度（%）	平均层数	总户数	总人口	绿地率（%）	停车位（个）
		Sx	A	F	M	n	P	N	y	KP
55	汇鑫花园	1.04	40148.0	3.86	22.3	17.3	293	938	38.7	236
56	翰林新苑	0.56	46509.0	8.30	32.6	25.5	512	1638	38.0	167
57	桃园东路土地储备中心小区	3.16	113540.0	3.59	20.4	17.6	1040	3328	38.2	482
58	祥和花园	1.95	119876.0	6.15	32.7	18.8	896	2868	38.6	740
59	鑫宇友谊花园	0.61	41600.0	6.90	22.5	30.7	450	1440	38.5	233
60	园丁新村三期高层住宅楼	3.55	169035.0	4.76	19.5	24.4	1700	5440	40.8	862
61	枣园公寓	0.31	23600.0	7.40	23.2	31.9	212	678	38.0	120
62	福邸茗门	4.32	230140.0	5.30	30.4	17.4	2300	7360	38.5	1611
63	海星未来城	3.72	144500.0	3.90	32.6	12.0	1354	4333	38.0	12
64	曲江佳景心城	10.88	303658.0	2.80	18.5	15.1	3025	9680	38.5	2347
65	昆明路职工住宅区	0.98	63000.0	6.40	25.5	25.1	750	2400	38.5	190
66	联志小区	0.77	51200.0	6.60	25.0	26.4	480	1536	38.0	180
67	明苑住宅小区	1.61	93220.0	5.79	20.1	28.8	744	2418	38.6	510
68	铭城十六号	2.47	153900.0	6.23	23.8	26.2	1230	3936	38.5	943
69	陕西电力建设总公司职工住宅楼	6.71	232578.0	3.50	23.3	15.0	1816	5805	38.6	1527
70	陕西省公安厅职工住宅楼	1.40	62000.0	4.40	20.0	22.0	545	1744	38.0	850
71	金桥太阳岛三期	0.86	35882.0	4.27	40.2	10.6	412	1318	37.3	247
72	陕西省建筑构件公司住宅楼	1.30	82820.0	6.70	20.0	33.5	686	2195	39.0	251
73	土地储备中心太白北路十三号	1.11	80660.0	7.27	28.2	25.8	732	2343	38.1	403
74	太和·阳光公寓	0.83	64600.0	7.50	23.5	31.9	650	2080	38.5	330
75	蔚蓝印象三期	1.28	65386.0	5.10	20.7	24.6	625	2000	38.5	533
76	西安荣涛房地产有限公司宏林尚品	1.26	101309.0	7.43	24.5	30.3	976	3123	37.9	460
77	新一代·北城国际	1.83	109826.0	5.30	20.4	26.0	1014	3236	38.1	400
78	华宇凤凰城	10.46	257159.0	2.22	19.8	11.2	2343	7498	40.0	706
79	陕西恒正·福邸铭门	3.97	239837.0	5.30	25.6	20.7	1628	5698	38.0	1084
80	华城国际	0.57	40353.0	6.52	30.8	21.2	493	1578	35.0	190
81	浐灞新城	3.88	103904.0	2.52	25.1	10.0	1094	3501	34.1	130
82	陕西省汽车检测站职工住房	0.54	29383.0	4.79	27.2	17.6	207	662	34.0	198
83	西安北方庆华机电公司住宅楼	1.70	64864.0	3.30	29.5	11.2	671	2147	31.6	307

续表

编号	项目名称	用地面积 (hm²)	总建筑面积 (m²)	容积率	建筑密度 (%)	平均层数	总户数	总人口	绿地率 (%)	停车位 (个)
		Sx	A	F	M	n	P	N	y	KP
84	青松路小区	4.42	265000.0	6.00	26.0	23.1	2780	8896	38.0	1782
85	西彩新世界	0.84	15591.0	4.10	50.0	8.2	140	448	25.0	140
86	朝阳花园小区	3.53	85083.0	2.57	18.6	13.8	788	2522	34.0	741
87	建设西路新旅城小区	3.02	268735.0	7.59	32.2	23.6	2700	8640	30.0	1201
88	雁塔区后村改造项目	15.47	777983.0	5.03	31.3	16.1	6240	18720	36.8	5268
89	东方馨苑	2.93	85011.0	2.90	24.2	12.0	641	1923	40.1	430
90	西安茗景置业有限公司居住小区	9.50	232255.0	2.40	18.5	13.0	2212	7078	38.6	1626
91	西安市土地储备中心 DK-X-11 规划	13.90	526095.0	3.47	19.5	17.8	3493	11178	34.7	3363
92	西安黄雁村地区改造居住小区	4.48	293190.0	6.76	32.4	20.9	2470	7904	28.7	1388
93	北沙坡地区综合居住小区	8.87	507170.0	5.72	36.1	15.8	5067	16214	32.6	2695
94	西安石墨制品厂职工住宅小区	0.64	14046.0	2.18	36.4	6.0	189	605	38.0	70
95	土地储备中心南三环北居住小区	13.28	447600.0	4.00	17.0	23.5	4797	15350	35.0	3581
96	西北三路市级机关住宅小区	5.65	269876.0	4.48	17.5	25.6	2339	7485	39.0	1350
97	沣镐东路住宅小区	3.53	170775.0	4.84	19.2	25.2	1635	5232	39.6	817
98	金桥太阳岛三期	0.86	35882.0	4.27	40.2	10.6	314	942	37.3	247
99	KFQ-02 号地块住宅区	2.71	58100.0	3.38	16.4	20.6	612	1958	35.0	469
100	丈八东路蓉锦园住宅小区	2.00	84450.0	4.25	26.7	15.9	712	2136	38.5	447

资料来源：西安市规划局

参 考 文 献

专著书籍类

[1] Maurice Yeates. The North American City [M]. New York：Harper Collins Pubs. 1990.

[2] Muth, R. F. Cities and Housing [M]. Chicago：University of Chicago Press，1969.

[3] Saaty T L. The Analytic Hierarchy Process [M]. New York, NY, McGraw Hill, 1980.

[4] N. Gregory Mankiw. Principles of Economics [M]. Cengage Learning, 2009.

[5] Straszheim, Maholn. An Economic Analysis of the Urban Housing Market [M]. New York：National Bureau of Economic Research，1975.

[6] Alonso，W. Location and Land Use Harvard [M]. Cambridge：Cambridge University Press，1964.

[7] Arthur O' Sullivan. Urban Economics [M]. New York：McGraw-Hill Companies，2007.

[8] Mishan, E. J. The Costs of Economic Growth [M]. London：Staples Press, 1967.

[9] David W. S. Wong, Jay Lee. Statistical Analysis of Geographic Information with ArcView GIS and ArcGIS [M]. Hoboken，New Jersey：John Wiley & Sons, Inc. , 2005.

[10] Fischel，W. A. Do growth controls matter? A review of empirical evidence on the effectiveness and efficiency of government land use regulation [M]. Cambridge：Lincoln Institute of Land Policy, 1990.

[11] Fujita M. Neighborhood externalities and traffic congestion-Urban economic theory [M]. Cambridge：Cambridge University Press，1989.

[12] 胡明星，李建. 空间信息技术在城镇体系规划中的应用研究 [M]. 南京：东南大学出版社，2009.

[13] 陈彦光. 基于 Excel 的地理数据分析 [M]. 北京：科学出版社，2010.

[14] 陈国良，王煦法，庄镇泉等. 遗传算法及其应用 [M]. 北京：人民邮电出版社，1996.

[15] 王小平，曹立明. 遗传算法——理论、应用与软件实现 [M]. 西安：西安交通大学出版社，2002.

[16] 佳隆，王丽颖，李长荣. 都市停车库设计 [M]. 杭州：都市停车库设计，1998.

[17] 王元庆，周伟. 停车设施规划 [M]. 北京：人民交通出版社，2003.

[18] 关宏志，刘小明. 停车场规划设计与管理 [M]. 北京：人民交通出版社，2003.

[19] 卜毅. 建筑日照设计 [M]. 北京：中国建筑工业出版社，1988.

[20] 闫寒. 建筑学场地设计 [M]. 北京：中国建筑工业出版社，2006.

[21] 黄晨. 建筑环境学 [M]. 北京：机械工业出版社，2008.

[22] 刘琦，王德华. 建筑日照设计 [M]. 北京：水利水电出版社，2008.

[23] 冯意刚，喻定权，尹长林，邓凌云，张鸿辉. 城市居住容积率研究——以长沙为例 [M]. 北京：中国建筑工业出版社，2009.

[24] 周俭. 城市住宅区规划原理 [M]. 上海：同济大学出版社，1999.

[25] 夏南凯，田宝江，王耀武. 控制性详细规划（第二版）[M]. 上海：同济大学出版社，2008.

[26] 李浩. 控制性详细规划的调整与适应——控规指标调整的制度建设研究 [M]. 北京：中国建筑工业出版社，2007.

[27] 叶嘉安，宋小冬，钮心毅，黎夏. 地理信息与规划支持系统 [M]. 北京：科学出版社，2006.

[28] 王法辉. 基于 GIS 的数量方法与应用 [M]. 姜世国，滕骏华译. 北京：商务印书馆，2009.

[29] 罗应婷，杨钰娟. SPSS 统计分析：从基础到实践 [M]. 北京：电子工业出版社，2007.

[30] 宋小冬，钮心毅. 地理信息系统实习教程（ArcGIS 9. x）[M]. 北京：科学出版社，2007.

[31] 贾俊平，何晓群，金勇进. 统计学（第四版）[M]. 北京：中国人民大学出版社，2010.

期刊杂志类

[1] Tatsuhito Kono, Takayuki Kaneko, Hisa Morisugi. Necessity of minimum floor area ratio regulation: a second-best policy [J]. Annual of Regional science, 2010 (44).

[2] Boon Lay Ong. Green plot ratio: an ecological measure for architecture and urban planning [J]. Landscape and urban planning, 2003 (63).

[3] Kirti Kusum Joshi, Tatsuhito Kono. Optimization of floor area ratio regulation in a growing city [J]. Regional science and Urban economics，2009 (39).

[4] Batty M. New technology and planning: Reflections on rapid change and the culture of planning in the post-industrial age [J]. Town Planning Review，1991，62 (3).

[5] Arnott R. J., MacKinnon J. G. Measuring the costs of height restrictions with a general equilibrium model [J]. Regional science and Urban economics，1977 (7).

[6] Bertaud A, Brueckner JK. Analyzing building-height restrictions: predicted impacts and welfare costs [J]. Regional science and Urban economics，2005 (35).

[7] Brueckner JK. Growth controls and land values in an open city [J]. Land economics，1990 (66).

[8] Brueckner JK，Lai FC. Urban growth controls with resident landowners [J]. Regional science and Urban economics，1996 (26).

[9] Courant PN. On the effect of Fiscal zoning on land and housing values [J]. Journal of Urban economics，1976 (3).

[10] Grieson E，White JR. The effects of zoning on structure and land markets [J]. Journal of Urban economics，1981 (10).

[11] Harberger AC. Three basic postulates for applied welfare economics: an interpretive essay [J]. Journal of economic Lit.，1971 (9).

[12] Lai F-C，Yang S-T. A view on optimal urban growth controls [J]. Annual of Regional science，2002a (36).

[13] Lai F-C，Yang S-T. Reply to the alternative optimal growth controls [J]. Annual of Regional science, 2002 (36).

[14] MossWG. Large lot zoning, property taxes, and metropolitan area [J]. Journal of Urban economics，1977 (4).

[15] Fujita, M.，Ogawa，H. Multiple equilibria and structural transition of non-monocentric urban configurations [J]. Regional science and Urban economics，1982 (12).

[16] Pasha HA. Suburban minimum lot zoning and spatial equilibrium [J]. Journal of Urban economics，1996 (40).

[17] Pines D，Weiss Y. Land improvement projects and land values [J]. Journal of Urban economics，1976 (3).

[18] Sasaki K. Alternative view on optimal urban growth controls [J]. Annual of Regional science,

2002 (36).

[19] Sullivan AM. Large-lot zoning as second-best policy [J]. Journal of Regional Science, 1984 (24).

[20] Wheaton WC. Land use and density in cities with congestion [J]. Journal of Urban economics, 1998 (43).

[21] White MJ. The effect of zoning on the size of metropolitan areas [J]. Journal of Urban economics, 1975 (2).

[22] Anas, A., Moses, L. N. Mode choice, transport structure and urban land use [J]. Journal of Urban economics, 1979 (6).

[23] Cheshire, P., Sheppard, S. The welfare economics of land use planning [J]. Journal of Urban economics, 2002 (52).

[24] Pines, D., Sadka, E. Comparative statics analysis of a fully closed city [J]. Journal of Urbaneconomics, 1986 (20).

[25] Susin Scott. Rent Vouchers and the Price of Low-Income Housing [J]. Journal of Public economics, 2002 (83).

[26] Alain Bertaud, Jan K. Brueckner. Analyzing building-height restrictions: predicted impacts and welfare costs [J]. Regional science and Urban economics, 2005 (35).

[27] Zhen-Dong Cui, Yi-Qun Tang, Xue-Xin Yan, Chun-Ling Yan, Han-Mei Wang, Jian-Xiu Wang. Evaluation of the geology-environmental capacity of buildings based on the ANFIS model of the floor area ratio [J]. Bull Eng Geol. Environment, 2010 (69).

[28] Boon Lay Ong. Green plot ratio: an ecological measure for architecture and urban planning [J]. Landscape and urban planning, 2003 (63).

[29] Bailang Yu, Hongxing Liu, Jianping Wu, Yingjie Hu, Li Zhang. Automated derivation of urban building density information using airborne LiDAR data and object-based method [J]. Landscape and urban planning, 2010 (98).

[30] Kirti Kusum Joshi, Tatsuhito Kono. Optimization of floor area ratio regulation in a growing city [J]. Regional science and Urban economics, 2009 (39).

[31] Kyushik Oh, Yeunwoo Jeong, Dongkun Lee, Wangkey Lee, Jaeyong Choi. Determining development density using the Urban Carrying Capacity Assessment System [J]. Landscape and urban planning, 2005 (73).

[32] Tong S. Interval number and fuzzy number linear programming [J]. Fuzzy Sets and Systems, 1994 (66).

[33] Ishibuchi H, Tanaka H. Multiobjective programming in optimization of the interval objective function [J]. European Journal of Operational Research, 1990 (48).

[34] Chanas S, Kuchta D. Multiobjective programming in optimization of the interval objective function s_ A generalized approach [J]. European Journal of Operational Research, 1996 (94).

[35] Atanu S, Tapan K P, Debjani C. Interpretation of inequality constraints involving interval coefficients and a solution to interval linearprogramming [J]. Fuzzy Sets and Systems, 2001 (119).

[36] Steve Carver, Andrew Evans, Richard Kingston, Ian Turton. Public participation, GIS, and cyberdemocracy: evaluating on-line spatial decision support systems [J]. Environment and Planning B: Planning and Design 2001, volume 28.

[37] 姚燕华. 从开发控制谈控制性详细规划的编制 [J]. 现代城市研究, 2007 (9).

[38] 顾文选. 建立和完善全国城镇体系的几点思考 [J]. 城市发展研究, 2003 (3).

[39] 赵民. 推进城乡规划建设管理的法制化——谈《城乡规划法》所确立的规划与建设管理的羁束关

系［J］. 城市规划, 2008（1）.

[40] 黄明华, 黄汝钦. 控制性详细规划中商业性开发项目容积率"值域化"研究［J］. 规划师, 2010
（10）.

[41] 杨保军, 闵希莹. 新版《城市规划编制办法》解析［J］. 城市规划学刊, 2006（4）.

[42] 孙施文. 美国的城市规划体系［J］. 城市规划, 1999（7）.

[43] 张亚峰, 宁甜甜, 王允茂. 户型布局对住宅小区容积率影响研究［J］. 华中建筑, 2011（6）.

[44] 唐子来. 新加坡的城市规划体系［J］. 城市规划, 2000（1）.

[45] 唐子来, 姚凯. 德国城市规划中的设计控制［J］. 城市规划, 2003（5）.

[46] 唐子来, 李京生. 日本的城市规划体系［J］. 城市规划, 1999（10）.

[47] 唐子来, 程蓉. 法国城市规划中的设计控制［J］. 城市规划, 2003（2）.

[48] 周岚, 叶斌, 徐明尧. 探索面向管理的控制性详细规划制度架构［J］. 城市规划, 2007（3）.

[49] 王朝晖, 师雁, 孙翔. 广州市城市规划管理图则编制研究［J］. 城市规划, 2003（12）.

[50] 姚凯. 上海控制性编制单元规划的探索和实践——适应特大城市规划管理需要的一种新途径［J］.
城市规划, 2007（8）.

[51] 田莉. 我国控制性详细规划的困惑与出路——一个新制度经济学的产权分析视角［J］. 城市规划,
2007（1）.

[52] 孙鹏. 浅谈《城市居住区规划设计规范》调整的社会学原因［A］//中国城市规划学会. 和谐城
市规划——2007 年中国城市规划年会论文集［C］. 哈尔滨：黑龙江科学技术出版社, 2007.

[53] 冯维波, 黄光宇. 公平与效率：城市规划价值取向的两难选择［J］. 城市规划学刊, 2006（5）.

[54] 朱东风. 1990 年以来苏州市句法空间集成核演变［J］. 东南大学学报（自然科学版）, 2005, 7.

[55] 郭明杰, 魏然, 王进. 特尔菲法简介［J］. 经营管理者, 1996（6）.

[56] 钮心毅, 宋小冬. 基于土地开发政策的城市用地适宜性评价［J］. 城市规划学刊, 2007（2）.

[57] 姚亚辉. 成都市住宅用地建设强度分区方法探讨［J］. 规划师, 2007（10）.

[58] 李飞. 对《城市居住区规划设计规范》（2002）中居住小区理论概念的再审视与调整［J］. 城市规
划学刊, 2012（3）.

[59] 宋小冬, 孙澄宇. 日照标准约束下的建筑容积率估算方法探讨［J］. 城市规划学刊, 2004（6）.

[60] 宋小冬, 田峰. 现行日照标准下高层建筑宽度和侧向间距的控制与协调［J］. 城市规划学刊,
2009（4）.

[61] 宋小冬, 田峰. 高层、高密度、小地块条件下建筑日照二级间距的控制与协调［J］. 城市规划学
刊, 2009（5）.

[62] 宋小冬, 庞磊, 孙澄宇. 住宅地块容积率估算方法再探［J］. 城市规划学刊, 2010（2）.

[63] 刘明明. 论我国土地发展权的归属和实现［J］. 农村经济, 2008（10）.

[64] 梁江, 孙晖. 城市土地使用控制的重要层面：产权地块［J］. 城市规划, 2000（6）.

[65] 林茂. 住宅建筑合理高密度的系统化研究——容积率与绿地量的综合平衡［J］. 新建筑, 1988
（4）.

[66] 梁鹤年. 合理确定容积率的依据［J］. 城市规划, 1992（2）.

[67] 邹德慈. 容积率研究［J］. 城市规划, 1994（1）.

[68] 何强为. 容积率的内涵及其指标体系［J］. 城市规划, 1996（1）.

[69] 欧阳安蛟. 容积率影响地价的作用机制和规律研究［J］. 城市规划, 1996（2）.

[70] 欧阳安蛟. 容积率影响地价的规律及修正系数确定法［J］. 经济地理, 1996（3）.

[71] 沈德熙. 旧城控制性详细规划中的若干问题［J］. 城市规划汇刊, 1994（6）.

[72] 王国恩, 殷毅, 陈锦富. 旧城改造控制性详规中容积率的测算——南宁市旧城改造投入产出分析
［J］. 城市规划, 1995（2）.

[73] 王世福. 完善以开发控制为核心的规划体系 [J]. 城市规划汇刊，2004 (1).

[74] 秦波，孙亮. 容积率和出让方式对地价的影响——基于特征价格模型 [J]. 中国土地科学，2010 (3).

[75] 姚燕华. 从开发控制谈控制性详细规划的编制 [J]. 现代城市研究，2007 (9).

[76] 赵民. 推进城乡规划建设管理的法制化——谈《城乡规划法》所确立的规划与建设管理的羁束关系 [J]. 城市规划，2008 (1).

[77] 于一丁，胡跃平. 控制性详细规划方法与指标体系研究 [J]. 城市规划，2006 (5).

[78] 谢宏坤，李真，易纯. 中小城镇旧城改造项目居住区容积率测算方法探讨 [J]. 福建建筑，2008 (7).

[79] 鲍振洪，李朝奎. 城市建筑容积率研究进展 [J]. 地理科学进展，2010 (4).

[80] 韩政. 控制性详细规划中土地开发强度控制探讨——以《南宁市茅桥、东沟岭片区控制性详细规划》为例 [J]. 规划师，2009 (11).

[81] 周岚，叶斌，徐明尧. 探索面向管理的控制性详细规划制度架构 [J]. 城市规划，2007 (3).

[82] 黄明华，郑晓伟. 效率和公平视角下的小城镇开发强度分区研究——以陕西洛川城区控制性详细规划为例 [J]. 城市规划，2009 (3).

[83] 廖喜生. 容积率最佳使用的经济学分析 [J]. 开发天地，2007 (4).

[84] 章波，苏东升，黄贤金. 容积率对地价的作用机理及实证研究——以南京市为例 [J]. 地域研究与开发，2005 (10).

[85] 苏海龙，王新军，李晓西，张凤娥. 需求导向的宅基地置换住区容积率定量模型 [J]. 复旦学报（自然科学版），2010 (10).

[86] 郑云有，周国华. 容积率与建筑密度对地价的综合影响研究——以株洲市商业用地为例 [J]. 经济地理，2002 (1).

[87] 冷炳荣，杨永春，韦玲霞，刘沁萍，黄幸. 转型期中国城市容积率与地价关系研究——以兰州市为例 [J]. 城市发展研究，2010 (4).

[88] 陈昌勇. 城市住宅容积率的确定机制 [J]. 城市问题，2006 (7).

[89] 刘琳，张博，刘长滨. 城市建设中容积率指标的确定方法 [J]. 技术经济与管理研究，2001 (5).

[90] 赵延军，王晓鸣. 开发项目最佳容积率研究 [J]. 长安大学学报（社会科学版），2008 (6).

[91] 王朝晖，师雁，孙翔. 广州市城市规划管理图则编制研究 [J]. 城市规划，2003 (12).

[92] 刘贵文，王曼，王正. 旧城改造开发项目的容积率问题研究 [J]. 城市发展研究，2010 (3).

[93] 何子张. 控规与土地出让条件的"硬捆绑"与"软捆绑"——兼评厦门土地"招拍挂"规划咨询 [J]. 规划师，2009 (11).

[94] 姚凯. 上海控制性编制单元规划的探索和实践——适应特大城市规划管理需要的一种新途径 [J]. 城市规划，2007 (8).

[95] 赵学彬，肖彬. 控制性详细规划与房地产开发项目的对比研究——以长沙市为例 [J]. 城市规划，2007 (9).

[96] 田莉. 我国控制性详细规划的困惑与出路——一个新制度经济学的产权分析视角 [J]. 城市规划，2007 (1).

[97] 朱介鸣. 模糊产权下的中国城市发展 [J]. 城市规划汇刊，2001 (6).

[98] 蒲方合. 建设用地容积率调整中的利益平衡机制研究——以土地使用权已经出让的建设用地容积率的调整为视角 [J]. 经济体制改革，2010 (3).

[99] 黄明华，黄汝钦. 控制性详细规划中商业性开发项目容积率"值域化"研究 [J]. 规划师，2010 (10).

[100] 陶文俊. 房地产开发与容积率的探讨 [J]. 经济研究导刊，2010 (19).

[101] 孙峰. 从技术理性到政策属性——规划管理中容积率控制对策研究 [J]. 城市规划，2009 (11).

[102] 渠涛，蔡建明，张理茜，郑斌. 轨道交通导向下的容积率规划 [J]. 地理学报，2010 (2).

[103] 陈科，戴志中基于道路交通的建设项目开发强度临界控制系统 [J]. 城市规划学刊，2010 (2).

[104] 赵奎涛，胡克，王冬艳，李淑杰，张绍建. 经济容积率在城镇土地利用潜力评价中的思考 [J]. 国土资源科技管理，2005 (3).

[105] 张博，葛幼松，顾鸣东. 城市中心区土地开发强度研究——以南京老城区为例 [J]. 河北师范大学学报（自然科学版），2010 (5).

[106] 黄明华，王阳，步茵. 由控规全覆盖引起的思考 [J]. 城市规划学刊，2009 (6).

[107] 张方，田鑫. 用人工神经网络求解最大容积率估算问题 [J]. 计算机应用与软件，2008 (7).

[108] 姚亚辉. 成都市住宅用地建设强度分区方法探讨 [J]. 规划师，2007 (10).

[109] 孙峰. 从技术理性到政策属性——规划管理中容积率控制对策研究 [J]. 城市规划，2009 (11).

[110] 王京元，郑贤，莫一魁. 轨道交通 TOD 开发密度分区构建及容积率确定——以深圳市轨道交通 3 号线为例 [J]. 城市规划，2011 (4).

[111] 梁江，孙晖. 城市土地使用控制的重要层面：产权地块 [J]. 城市规划，2000 (6).

[112] 汪坚强. 迈向有效的整体性控制——转型期控制性详细规划制度改革探索 [J]. 城市规划，2009 (10).

[113] 汪坚强，于立. 我国控制性详细规划研究现状与展望 [J]. 城市规划学刊，2010 (3).

[114] 彭文高，任庆昌. 不同类型地区控制指标体系确定的探讨 [J]. 城市规划，2008 (7).

学位论文类

[1] 李雅芬. 当前居住小区地下停车库规划与设计的优化研究 [D]. 西安：西安建筑科技大学硕士学位论文，2010.

[2] 付磊. 城市密度分布及其规划策略——深圳经济特区实证研究 [D]. 上海：同济大学硕士学位论文，2003.

[3] 令晓峰. 控制性详细规划控制体系的适应性编制研究 [D]. 西安：西安建筑科技大学大学硕士学位论文，2007.

[4] 田峰. 高密度城市环境日照间距研究 [D]. 上海：同济大学硕士学位论文，2004.

[5] 成三彬. 建筑日照分析及日照约束下最大容积率的计算 [D]. 合肥：安徽理工大学硕士学位论文，2011.

[6] 郑晓伟. 小城镇开发控制体系研究——以洛川为例 [D]. 西安：西安建筑科技大学硕士学位论文，2009.

[7] 刘磊. 容积率的动态特征研究 [D]. 哈尔滨：哈尔滨工业大学工学硕士毕业论文，2004.

[8] 黄汝钦. 城市生活区控制性详细规划开发强度"值域化"研究 [D]. 西安：西安建筑科技大学硕士学位论文，2011.

[9] 黄涛. 旧城更新中地块容积率取值区间定量控制方法研究 [D]. 重庆：重庆大学硕士学位论文，2009.

[10] 张亚洲. 居住区容积率指标及其相关因素的研究 [D]. 天津：天津大学硕士学位论文，2008.

[11] 赵鹏. 中心城区住宅容积率研究——以天津新建住区为例 [D]. 天津：天津大学硕士学位论文，2006.

[12] 张玉钦. 控制性详细规划指标体系研究 [D]. 广州：广州大学硕士学位论文，2009.

[13] 赵守谅. 容积率的定量经济分析方法研究 [D]. 武汉：华中科技大学硕士学位论文，2004.

[14] 咸宝林. 城市规划中容积率的确定方法研究 [D]. 西安：西安建筑科技大学硕士学位论文，2007.

[15] 蒋美荣. 基于效益最大化的房地产项目容积率确定研究 [D]. 重庆：重庆大学工程硕士学位论

文，2008.

[16]　吴静雯. 控制性详细规划指标体系的弹性控制研究 [D]. 天津：天津大学硕士学位论文，2007.

规范法规类

[1]　中华人民共和国建设部. 城市规划基本术语标准 [S]. 北京：中国标准出版社，1998.

[2]　中华人民共和国建设部. GB 50180—93 城市居住区规划设计规范 [S]. 北京：中国建筑工业出版社，1993.

[3]　中华人民共和国建设部. JGJ 100—98 汽车库建筑设计规范 [S]. 北京：中国建筑工业出版社，1998.

[4]　中华人民共和国建设部. GB 50220—95 城市道路交通规划设计规范 [S]. 北京：中国建筑工业出版社，1995.

[5]　中华人民共和国公安部，中华人民共和国建设部. 停车场规划设计规则 [S]. 1989.

[6]　中华人民共和国建设部. GB 50352—2005 民用建筑设计通则 [S]. 北京：中国建筑工业出版社，2005.

[7]　中华人民共和国建设部. GB 50096—1999 住宅建筑设计规范 [S]. 北京：中国建筑工业出版社，1999.

[8]　中华人民共和国建设部. GB 50137—2011 城市用地分类与规划建设用地标准 [S]. 北京：中国建筑工业出版社，2012.